신경가소성
NEUROPLASTICITY

신경가소성

1판 1쇄 발행 2019. 11. 27.
1판 3쇄 발행 2023. 3. 27.

지은이 모헤브 코스탄디
옮긴이 조은영 | 해제 김경진

발행인 고세규
편집 임솜이 | 디자인 정윤수
발행처 김영사
등록 1979년 5월 17일(제406-2003-036호)
주소 경기도 파주시 문발로 197(문발동) 우편번호 10881
전화 마케팅부 031)955-3100, 편집부 031)955-3200 | 팩스 031)955-3111

값은 뒤표지에 있습니다.
ISBN 978-89-349-9957-7 04400
        978-89-349-9788-7 (세트)

홈페이지 www.gimmyoung.com   블로그 blog.naver.com/gybook
인스타그램 instagram.com/gimmyoung   이메일 bestbook@gimmyoung.com

좋은 독자가 좋은 책을 만듭니다.
김영사는 독자 여러분의 의견에 항상 귀 기울이고 있습니다.

이 도서의 국립중앙도서관 출판시도서목록(CIP)은 서지정보유통지원시스템 홈페이지
(http://seoji.nl.go.kr)와 국가자료공동목록시스템(http://www.nl.go.kr/kolisnet)에서
이용하실 수 있습니다.(CIP제어번호 : CIP2019044092)

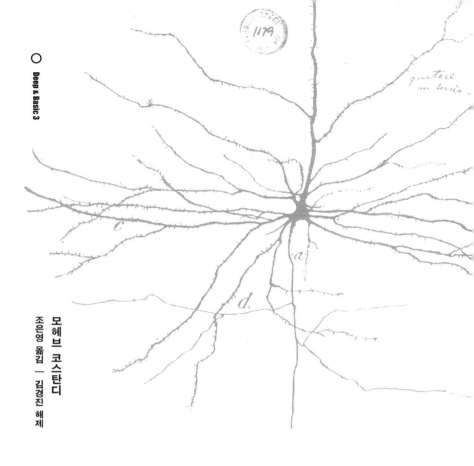

○ Deep & Basic 3

모헤브 코스탄디

조은영 옮김 — 김경진 해제

Neuro-plasticity

Moheb Costandi

신경가소성

일생에 걸쳐 변하는
뇌와 신경계의 능력

김영사

일러두기
권말의 '용어설명'에 있는 말들은 본문에서 고딕체로 표기하였다.

○

차례

들어가는 말 6

○

들어가는 말

최근 몇 년간 과학자들은 뇌의 작동 방식에 관해 아주 많은 것을 알게 되었다. 신경과학은 약속과 위험을 동시에 제공하지만, 내재한 잠재력과 전망 때문에 대중의 관심을 크게 받기 시작했고 그중에서도 특히 한 개념이 사람들의 마음을 사로잡았다. 신경가소성neuroplasticity, 풀어서 '신경계가 변화하는 성질'이 그것이다.

60년 전, 신경과학은 신경조직이 변할 수 있다는 발상 자체를 배척했다. 사람들은 다 자란 뇌는 구조가 굳어지므로 늙은 개에게 새로운 재주를 가르칠 수 없다고 믿었다. 그러나 이후로 뇌는 변할 수 있을 뿐 아니라 행동과 경험에 대한 반응으로 평생 변화를 겪는다는 방대한 연구 결과에 의해 이 정설은 뒤집어졌다.

신경가소성이란 신경계가 변화하는 여러 가지 방식을 포괄적으로 일컫는 말이다. 신경가소성이라는 용어는 신경과학자들이 폭넓고 다양한 현상을 두루 설명하기 위해 가져다 쓸 뿐 명확히 정의되지 않았다. 일반적으로 사람들은 신경가소성이라는 개념을 제대로 알지 못한 채 그것이 무엇이고 무엇을 할 수 있는지를 오해하고 있다.

이 책은 신경과학 분야에서 진행된 주요 연구 및 실험 방법과 기술, 그리고 지금까지 뇌에 관한 우리의 견해가 진화해 온 과정에 초점을 두고 일반 독자를 대상으로 신경가소성에 관해 반드시 알아야 할 내용을 정리했다.

각 장은 신경가소성의 특정 유형에 관한 연구를 중심으로 진행된다. 신경가소성에 관한 역사적 관점을 간략히 설명한 다음(1장), 시각 및 청각 장애인의 뇌에서 일어나는 변화(2장), 뇌의 발달 과정 중 신경계의 변화(3장), 학습의 바탕이 되는 시냅스가소성 메커니즘(4장), 성인의 뇌에서 새로 만들어지는 뇌세포(5장), 악기 연주나 외국어 학습처럼 다양한 형태의 훈련이 어떻게 뇌를 바꾸는지(6장), 신경 및 뇌 손상 이후에 일어나는 뇌의 재조직화(7장), 신경가소성이 예측을 벗어나 중독 및 통증을 일으키는 과정(8장), 삶의 단계별 주요 뇌 변화(9장)에 관해 이야기한다. 마지막 장에서는 핵심 내용을 요약하고 새로 발견된 신경가소성 유형 및 아직 풀리지 않은 문제들을 소개한다.

신경가소성 메커니즘은 너무 방대하고 다양해서 이 작은 책 한 권에 모든 주제를 담기는 불가능하지만, 그럼에도 이 책은 독자들에게 신경가소성에 관한 훌륭한 개요는 물론 신경과학의 핵심적인 원리 및 중요한 발전에 관한 지식을 전달하고 더 나아가 과학이 발전하는 과정에 관한 이해를 도울 것이다.

○

서론

구글 검색창에 "뇌 재배선하기rewiring your brain"라고 치면(독자들도 영문으로 쳐보기 바란다 – 옮긴이), 자동 완성 기능에 따라 이 구절이 들어간 가장 인기 있는 검색어 목록이 나온다. 검색 결과에 따르면 우리는 뇌를 리셋하여 사랑과 행복을 쟁취하고 직장에서 성공하는 것은 물론 인생의 의미까지 찾을 수 있다. 검색 목록의 아래로 더 내려가면 긍정적으로 생각하기, 자신감 키우기, 밤에 숙면하기, 미루는 습관 고치기 등 뇌를 재배선해서 할 수 있는 더 많은 옵션이 나온다. 인터넷이 하는 말을 온전히 믿는다면 우리는 뇌를 리셋해서 어떤 행동도 바꿀 수 있으므로 인생 역전의 힘은 머릿속에 들어 있는 1.4킬로그램짜리 살덩어리를 끊임없이 변형하는 능력에 있다고 말할 수 있겠다.

그러나 뇌를 재배선한다는 게 실제로 어떤 의미일까? 그것은

'신경계에 일어나는 모종의 변화'라고 막연하게 정의된 신경가소성의 개념을 나타낸다. 불과 50년 전만 해도 성인의 뇌가 어떤 방식으로든 바뀔 수 있다는 생각은 이단으로 취급되었다. 과학자들은 아직 다 자라지 않은 뇌는 유연하고 순응적이라고 인정하면서도 시간이 지나면 뇌가 마치 틀에 넣은 점토처럼 단단히 굳어 아동기가 끝날 무렵에는 구조가 영구적으로 고정된다고 믿었다. 또한 사람은 평생 사용할 뇌세포를 모두 가지고 태어나기 때문에 뇌는 스스로 재생할 수 없고 따라서 뇌세포가 손상되어도 고칠 수 없다고 생각했다.

이는 사실과 완전히 다르다. 성인의 뇌는 변화하는 능력을 갖췄을 뿐 아니라 실제로 우리의 모든 행동과 경험에 반응해 평생 변화를 거듭한다. 신경계는 우리가 주위 환경에 적응하고 과거의 경험을 바탕 삼아 주어진 상황에 맞게 최선의 행동 방침을 결정하도록 진화했다. 이는 인간만이 아니라 신경계를 갖춘 모든 생물이 마찬가지다. 다시 말해 신경계는 애초에 변화하도록 진화했으므로 신경가소성은 모든 신경계에 내재한 근본적인 속성인 셈이다.

그러므로 신경가소성이라는 개념은 뇌를 다루는 어느 연구 분야에서든 등장하고 신경과학자들은 실험동물의 신경계에 변화를 유도한다는 당연한 전제하에 실험을 수행한다. 그리고 연구자들은 뇌와 행동의 어떤 측면을 연구하는지에 따라 신경가소성을 각기 다르게 정의한다. 이 용어는 너무 모호해서 구체적인 부연 설명 없이 단독으로 쓰이면 거의 의미를 상실한다. 그럼에도 불구하고 의도적으로 뇌를 성형해 인생을 바꿀 수 있다는 발상은 대단히 매력적이므로 신경가소성이 대중의 입맛을 사로잡은 것이다.

오늘날 신경가소성은 여러 영역에서 유행어처럼 쓰인다. 동기부여 강사나 자기 주도 전문가들은 당신의 뇌를 리셋하라는 구호를 사용하고, 교육 전문가와 기업 관리자들은 학습 능력을 증진하고 리더십 기술을 향상시키는 데 이 개념을 사용한다. 그러나 잘못된 견해가 만연한 가운데 신경가소성은 명확한 개념적 정의 없이 잘못 이해되고 있다. 어떤 이들은 신경가소성이 기적을 일으키는 치유의 힘이라고 믿는가 하면, 신경가소성을 이용한 상품이나 뉴에이지 치료법을 개발할 수 있다고 말하는 사람들도 있다. 그러나 이런 주장들은 매우 과장되거나 전혀 근거가 없는 경우가 많다.

신경가소성의 짧은 역사

신경가소성은 흔히 최근에 등장한 혁명적인 발견인 것처럼 묘사되지만, 실제로는 여러 형태로 200년 넘게 존재했다. 1780년대 초에 스위스 자연과학자 샤를 보네Charles Bonnet와 이탈리아 해부학자 미켈레 빈센조 말라카네Michele Vincenzo Malacarne는 서신을 통해 정신 훈련이 두뇌 성장으로 이어질 가능성과 이를 검증할 다양한 실험법을 논의했다. 당시 말라카네는 한 어미에서 태어난 개와 새를 대상으로 몇 년에 걸쳐 두 마리 중 한 마리만 훈련했고 그 결과, 훈련받은 개체의 소뇌가 그렇지 않은 개체에서보다 훨씬 커졌다고 주장했다.

얼마 후 1791년에 출판된 영향력 있는 해부학 교과서에서 독일인 의사 자무엘 토마스 폰 죔머링Samuel Thomas von Sömmerring은 다음과 같은 견해를 밝혔다. "정신적인 힘을 열심히 사용하면 차츰 뇌의 물질 구조를 바꿀 수 있지 않을까? 쓰면 쓸수록 근육이 강해지고 육체노동을 많이 한 사람들의 피부가 두꺼워지는 것처럼 말이다. 메스로 쉽게 확인하지는 못하겠지만, 있을 수 없는 일은 아니다."

19세기 초반, 골상학의 창시자 중 하나인 요한 슈푸르츠하임Johann Spurzheim은 정신적인 능력 및 이와 관련된 뇌 구조의 발달은 교육과 연습으로 촉진될 수 있다고 말했다. 한편 찰스 다윈의 반대자이자, 진화는 획득 형질(부모로부터 물려받은 것이 아니라 환경적 요인에 의해 후천적으로 갖게 된 형질 – 옮긴이)의 유전에 의해 일어난다고 주장했던 장 바티스트 라마르크Jean-Baptiste Lamarck는 관련 기능을 적절히 사용하면 뇌의 특정 부위를 발달

시킬 수 있다고 믿었다.[1]

1830년대에 생리학자 테오도어 슈반Theodore Schwann과 식물학자 마티아스 슐라이덴Matthias Schleiden은 세포가 모든 생물의 구조적 기본 단위라는 세포 이론을 주창했다. 그러나 당시의 현미경으로는 신경세포의 미세한 조직까지 확대하지 못했으므로 세포 이론을 신경계까지 적용할 수 없었고 따라서 19세기 전반에 걸쳐 뇌와 척수의 미세 구조에 관한 논쟁이 계속됐다. 과학자들은 신경계가 생물체의 다른 부분과 마찬가지로 세포로 구성되었다고 믿는 뉴런파와 틈새 없이 연결된 하나의 그물로 이루어졌다는 신경그물설을 주장하는 파로 나뉘었다.

이 논쟁은 1890년대에 스페인 신경해부학자 산티아고 라몬 이 카할Santiago Ramón y Cajal의 연구 덕분에 마침내 종결되었다. 성능 좋은 현미경과 새로운 염색 기법으로 카할은 인간을 포함해 여러 생물종의 신경조직을 비교했고, 뛰어난 화가답게 자신이 관찰한 내용을 아름다운 그림으로 남겼다. 자신 및 다른 이들의 연구 결과를 바탕으로 카할은 신경조직은 뉴런이라는 세포로 이루어져 있고 이들은 서로 모종의 관계를 형성한다는 확신을 과학계에 줄 만한 증거를 축적했다. 이렇게 카할은 근대 신경학을 독자적인 학문으로 확립했고 오늘날 신경학의 아버지로 여겨진다.[2]

다윈은 1874년에 출판된 《인간의 유래The Descent of Man》에

(A)

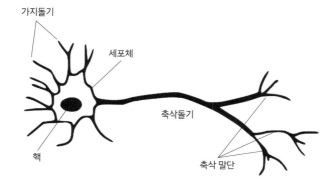

가지돌기

세포체

축삭돌기

핵

축삭 말단

(B)

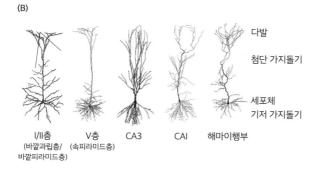

다발

첨단 가지돌기

세포체
기저 가지돌기

I/II층　　V층　　CA3　　CAI　　해마이행부
(바깥과립층/　(속피라미드층)
바깥피라미드층)

그림 1　(A) 뉴런의 주요 구조. (https://commons.wikimedia.org/wiki/Neuron#/media/
File:Neuron_-_annotated.svg, CC BY-SA 3.0)
(B) 카할의 그림으로 본 대뇌겉질의 다양한 층과 구역에 존재하는 피라미드세포.

서 신경가소성에 관해 다음과 같이 추측했다. "가축화된 토끼의 뇌는 야생 토끼의 뇌에 비해 부피가 상당히 줄었다. 이는 여러 세대에 걸쳐 제한된 공간에 갇혀 있으면서 지능, 본능, 감각, 운동 능력을 거의 발휘하지 못했기 때문일 것이다."

그러나 '가소성plasticity'이라는 용어는 1890년 윌리엄 제임스Willam James가 쓴 《심리학의 원리The Principles of Psychology》에서 처음 등장했다. 이 책에서 제임스는 가소성을 "외부 영향에 굴복할 정도로 약하지만 그렇다고 한 번에 무너질 만큼 약하지는 않은 구조를 갖춘 성질"이라고 정의하면서 습관의 형성을 시냅스 강화와 새로운 시냅스 연결이라는 측면에서 설명했다. "습관이 외부 동인에 대한 물질의 가소성 때문에 형성된다면, 우리는 뇌를 이루는 물질이 어떤 외부적 영향에 가소적인지 바로 알 수 있다. … 그리고 [감각 신경 뿌리를 통해] 쏟아지는 무한정 약한 전류를 보면 대뇌 반구 겉질이 유난히 민감하다는 것을 알 수 있다. 이 전류는 일단 들어오면 나가는 길을 찾아야 하는데, 그 길에 흔적을 남긴다. 요약하면 그들이 할 수 있는 일이라고는 기존의 경로를 더욱 깊이 새기거나 새로운 길을 만드는 것뿐이다."

1894년, 카할은 신경세포가 서로 연접하는 부위에서 가소성이 발생하고, 정신 훈련을 통해 새로운 신경섬유 가지의 성장을 유도할 수 있다고 제시했다. 그는 런던 왕립 학회에서의 강연에서 이렇게 말했다. "세포에서 자유롭게 가지가 자라 나무처럼 분지한다는 이론은 단순한 가능성에 그치는 것이 아니라 가장 설득력 있다. 미리 설정된 연속적인 네트워크, 즉 더이상 새로운 중계소를 설치하거나 배선을 새로 깔 여지가 없는 전신電信 시스템이 고정불변의 것이라는 생각은 사고思考를 담당하는 기관이 특히 발생기에 어느 정도 변형이 가능할 것이라는 우리의 생각과 상반된다. 대뇌겉질(대뇌피질)은 피라미드세포라는 수많은 나무가 심어진 정원과 같다. 이 나무들은 지적 능력의 함양을 통해 가지를 늘리고 뿌리를 뻗으며 더없이 다양한 품질의 꽃을 피우고 열매를 맺는다."

3년 뒤, 영국 신경생리학자 찰스 쉐링턴Charles Sherrington은 이 연접 부위를 '시냅스synapse'라고 이름 붙였다. 그리스어로 'syn'은 '함께'라는 뜻이고 'haptein'은 '움켜쥐다'라는 뜻이다. 쉐링턴은 시냅스야말로 학습이 일어나는 장소라고 말하면서 시냅스 강화(특정 시냅스에서 뉴런 간의 신호전달이 더 많이 일어나는 현상-옮긴이)에 관해 다음과 같이 명쾌하게 설명했다. "신경세포는 스스로 재생할 기회가 완전히 차단되어 있으므로 대신 자극을 일으키는 사건에 대해 동료와의 접속을 증폭시키는 방향으로 억눌렸던 에너지를 사용한다."

어떤 이들은 뇌의 크기가 다른 신체 기관에 비해 개체 간의 차이가 크지 않고, 특히 부피가 평생 일정하게 유지된다는 이유로 학습이 새로운 신경섬유 가지를 유도한다는 발상에 이의를 제기했다. 카할은 이러한 반대 의견에 대해 뇌의 부피가 크게 달라지지 않는 것은 "세포체가 상대적으로 축소하거나 지능과 직접적인 관련이 없는 영역이 수축하기" 때문이라고 맞섰다.

그러나 10년도 채 되지 않아 카할은 마음을 바꾼 것 같다. 1913년에 펴낸 교과서《신경계의 퇴행성 변화 및 재생Degeneration and Regeneration of Nervous System》에서 카할은 "일단 발달을 마치고 나면 축삭돌기와 가지돌기의 생장원이 돌이킬 수 없이 말라버린다"라고 썼다. "성인의 뇌에서 신경 경로는 완전히 고정되어 더는 변경할 수 없는 막다른 길이다. 모든 것은 언젠가 죽고 아무것도 재생되지 않을 것이다." 이런 견해는 순식간에 신경과학의 중심 도그마가 되었고 과학자들은 뇌가 학습이나 경험, 훈련에 실질적인 영향을 받지 않는다는 전반적인 합의에 이르렀다.[3]

근대 신경과학의 혁명

이 도그마는 20세기 중반까지 문제없이 지속되었다. 그러나 1960년대 초반, 생리학자 데이비드 허블David Hubel과 토르스텐 비셀Torsten Wiesel은 감각 경험이 발달 중인 뇌에 미치는 영향에 관해 일련의 중대한 발견을 발표했고, 신경과학자 폴 바크이리타Paul Bach-y-Rita는 시각장애인으로 하여금 촉각을 통해 '볼' 수 있게 만드는 '감각 치환' 장치를 사용해 성인의 뇌가 고정되지 않았다는 증거를 제공했다. 많은 과학자들이 다양한 생물종 성체의 뇌에서 새로 탄생한 세포를 관찰했다고 보고했지만 대개는 무시되거나 웃음거리가 되었다.

그러다 1973년에 티모시 블리스Timothy Bliss와 테레 뢰모Terje Lømo가 장기강화Long-term potentiation, LTP 현상을 발견했다. 장기강화는 신경 신호를 장시간 지속시켜 시냅스의 강도를 정해진 시간보다 오래 그리고 높게 유지하는 생리 메커니즘으로 또 하나의 중요한 발견이었다. 오늘날 시냅스 변형synaptic modification은 학습과 기억의 세포적 기반으로 널리 받아들여지며, 그중에서도 장기강화는 가장 연구가 많이 이루어지고 잘 알려진 신경가소성 유형이다. 최초의 발견 이후 과학자들은 장기강화 및 이와 관련된 과정의 밑바탕이 되는 분자 메커니즘에 관해 많은 지식을 축적했지만, 아이러니하게도 이들의 연구는 실제로 학습과 기억이 어떻게 향상되는지는 거의 말해주지 못한다.

1990년대 후반에 성인의 뇌에서 신경줄기세포가 발견되면서 신경가소성의 보다 직접적인 증거가 나타났다(줄기세포는 어떤 세포로도 분화할 수 있기 때문이다 - 옮긴이). 이는 과학계에 더할 나위 없이 큰 확신을 주었다. 학계의 입장은 다시 한 번 바뀌었고, 신경가소성은 지금까지 우리가 뇌에 대해 안다고 믿었던 모든 것을 뒤집는 혁명적인 발견으로 묘사되었다. 기술이 더욱 발달하면서 신경과학자들은 과거에는 생각조차 하지 못했던 방식으로 뇌를 자세히 들여다보고 대단히 정밀하게 신경 활동을 조작할 수 있게 되었다. 이 새로운 방법들로 신경가소성의 수많은 유형이 밝혀졌고 또 그 밑바탕이 되는 메커니즘이 규명되었다.

신경가소성은 분자 활동과 개별 세포 기능이라는 가장 낮은 수준에서부터, 신경세포 집단과 넓게 확산된 신경망이라는 중간 단계를 거쳐 뇌 차원의 시스템과 행동이라는 가장 고차원적인 수준까지 신경계 조직의 모든 단계에서 다양한 형태로 발휘된다. 신경가소성은 평생에 걸쳐 지속적으로 나타나기도 하고 특정 시기에만 일어나기도 하며, 여러 유형이 동시에 또는 별개로 유도될 수 있다.

일반적으로 신경가소성은 크게 기능적 가소성과 구조적 가소성으로 나눌 수 있다. 기능적 가소성은 신경세포의 기능 중에서도 신경 자극의 빈도나 화학 신호의 방출률(둘 다 시냅스 연결을 더 강하게 또는 약하게 만드는 작용을 한다), 또는 신경세포 집단의 동시 점화와 같은 생리적 측면에서의 변화와 연관된다. 반면 구조적 가소성은 새로운 신경섬유 가지와 시냅스가 형성될 때, 또는 새로운 세포가 자라고 추가될 때 수반되는 특정 뇌 영역에서의 부피 변화를 말한다.

이처럼 다양한 신경가소성 유형은 다양한 시간적 스케일로 일어난다. 시냅스 변형은 1000분의 1초 단위로 일어나고, 시냅스와 가지돌기는 몇 시간 만에 생성되었다가 파괴되며, 새로운 세포들은 며칠 단위로 태어났다가 죽는다. 훨씬 긴 시간에 걸쳐 진행되는 신경가소성 유형도 있다. 예를 들어 뇌는 아동기 말에서 성년기 초까지 가소성이 장기간 높은 수준으로 유지된 상태로 발달하고, 시력 또는 청력을 잃거나 뇌가 손상되었을 때에는 수주, 수개월, 수년 동안 서서히 변화가 유도된다.

2

감각 치환

1800년대 초에 신경학은 과학자들이 뇌를 연구하고 뇌의 구조 및 기능과 생물의 행동 및 정신 기능과의 연관성에 관해 새로운 이론을 체계화하면서 꽃을 피우기 시작했다.

19세기 전반기에는 한 사람의 정신적 특징을 두개골의 측정 값으로 판단하는 골상학이 우세했다. 일종의 사이비 과학인 이 접근법은 결국 신뢰를 잃었고, 대뇌 기능을 구획별로 할당하는 '뇌 기능의 국재화localization of cerebral function'라는 또 다른 이론에 자리를 내주었는데, 뇌가 해부학적으로 분리된 영역으로 구성되고 각 영역은 특정한 기능을 수행하도록 전문화되었다는 이론이다.

후속 연구가 진행되면서 뇌의 감각 및 운동 영역이 밝혀졌는데, 두 영역은 각각 느낌과 동작을 책임질 뿐 아니라 언제나 뇌의 동일한 부위에 위치한다는 사실이 드러났다. 그래서 20세기 초반에 근대 신경과학이 탄생하면서 대뇌겉질이 언어, 촉각, 시각 등 특화된 별개의 영역으로 조직되었다는 발상이 깊이 뿌리내렸다.

그러나 시간이 지나면서 사실 대뇌겉질은 가소성이 매우 뛰어나며 소위 뇌의 모듈형 조직은 고정된 것이 아니라는 증거가 나타나기 시작했다. 증거의 대부분이 시각 및 청각 장애인을 대상으로 한 연구에서 비롯했는데, 이들의 뇌는 특정 감각 입력이 완전히 박탈(차단)된다는 특징이 있다. 그러나 연구 결과, 뇌의 겉질 영역은 우리가 생각한 것처럼 특화되지 않았고, 일례로 시각 및 청각 영역은 다른 감각 기관에서 보낸 정보는 물론이고 언어처럼 비 감각적인 정보 처리 과정에도 기여한다는 것이 명확히 드러났다.

골상학에서부터 뇌 기능의 국재화까지

골상학은 위대한 해부학자인 프란츠 조셉 갤Franz Joseph Gall이 창시했다. 갤은 아홉 살이라는 어린 나이에 맨 처음 자신의 생각을 정리했다. 초등학생이었던 갤은 동급생 중에 비상한 단어 암기력을 가진 한 친구의 눈이 유난히 툭 튀어나온 사실을 알아

보았고 다른 사람들에게서도 이 두 특징이 함께 나타난다고 믿었다. 갤은 "비록 예비지식은 없었지만, 그렇게 생긴 눈이 뛰어난 기억력을 가진 사람의 특징이라는 생각에 사로잡혔다"라고 썼다. "이후에 … 나는 자신에게 이렇게 물었다. 기억력 수준이 신체적 특징으로 나타날 수 있다면 다른 특징이라고 왜 아니겠는가? 이것이 내 모든 연구의 시발점이 되었다."

갤은 의대를 졸업하고 1년 뒤인 1796년에 골상학에 대한 강의를 처음 시작했고 1808년에 자신의 이론을 처음 발표했다. 갤은 얼굴에서 눈의 윗부위가 "단어에 주의를 기울이고 구별하는 능력, 단어의 기억, 또는 언어적 기억"을 담당한다고 믿게 되었다. 나중에 갤은 눈 위에 자상을 입는 바람에 친척과 친구들의 이름을 떠올릴 수 없게 된 두 남성의 사례를 기록하면서 어릴 적 학교에서 관찰한 바를 확인했다.

갤은 "동물 학대를 즐기던" 다른 동급생과 사형집행인이 된 어느 약재상의 얼굴에서 도드라졌던 귀 위 부위에는 "파괴적인 성향"이 자리잡는다고 믿었다. 또한 "욕심"은 조금 뒤쪽에 있는 다른 부위와 연관되었는데, 갤이 만난 소매치기들의 얼굴에서 그곳이 비정상적으로 커 보였기 때문이다. "관념성"은 시인, 작가, 그 밖의 위대한 사상가들의 얼굴에서 특징적인 부위와 결부되었다. 그곳은 이들이 글을 쓰면서 자주 문지르는 머리 부분이었다.

갤은 지식인과 사이코패스의 두개골을 포함해 평생 400점의 두개골을 수집하고 측정값에 기반한 특징을 찾아 이론을 세웠다. 갤은 정신적 능력과 연관된 부위를 총 27군데 찾았고 그중 용기, 공간, 색 감각을 포함한 19개는 동물에서도 나타나지만, 지혜, 열정, 풍자 감각은 인간에게 고유하다고 주장했다.

골상학은 내내 비판에 시달리면서도 20세기 중반까지 영향력을 행사했다. 하지만 마침내 이들의 방법은 비과학적인 것으로 판명되면서 신뢰를 잃었다(갤과 그의 동료들은 '입맛에 맞는 증거만 선별했고' 자신들의 이론에 부합하지 않는 것은 모두 버렸다). 그러다 1870년대에 들어서 뇌 손상 환자를 대상으로 한 임상 연구 결과 이후로 국재화 이론이 널리 받아들여졌다.

1861년에 피에르 폴 브로카Pierre Paul Broca라는 프랑스 의사는 자신이 근무하는 병원에 입원한 소수의 뇌졸중 환자에 대해 기술했는데, 이들은 모두 발병 후 말하는 능력을 잃어버렸다. 브로카는 환자들이 사망하자마자 뇌를 조사했고 모두 왼쪽 전두엽의 같은 부위에 손상이 일어났다는 사실에 주목했다. 10년 뒤, 독일 병리학자 칼 베르니케Karl Wernicke는 왼쪽 관자엽에 입은 손상 때문에 음성 언어를 이해할 수 없게 된 또 다른 뇌졸중 환자 집단을 기술했다.

다른 이들도 뇌의 개별 기능이 어느 한정된 지역에 제한된다는 증거를 더 찾아냈다. 특히 구스타프 프리츠Gustav Fritz와 에

두아르드 히칙Eduard Hitzig이라는 생리학자는 동물의 뇌를 대상으로 특정 부위에 전기 자극을 가하거나 선별적으로 손상시켜 일차 운동겉질에서 중심앞이랑까지의 기능을 알아냈고, 각 반구에 있는 뇌세포 조직이 서로 반대편의 움직임을 통제한다는 것을 확인했다. 그러나 대뇌겉질의 국재화 이론이 널리 받아들여지게 된 것은 대개 브로카의 연구 때문이다.[1]

두뇌 지도 제작자들

20세기에 들어서 근대 신경과학자들이 탄생할 무렵, 대뇌겉질이 해부학적으로 특화된 기능에 따라 분리된 구역으로 구성된다는 생각은 이미 확고히 자리잡았지만, 20세기 초에 더 많은 증거가 나타나면서 이 개념은 더욱 공고해졌다.

이즈음에 코르비니안 브로드만Korbinian Brodmann이라는 독일 신경해부학자가 인간 두뇌의 미세 구조를 조사하기 시작했고, 세포의 조직 방식에 따라 두뇌를 여러 부위로 구분할 수 있음을 알게 되었다. 이를 기반으로 브로드만은 대뇌겉질을 52개 지역으로 나누고 각각에 번호를 매겼다. 브로드만의 신경해부학 분류 체계는 오늘날에도 여전히 사용된다. 브로드만 영역 1, 2, 3은 중심뒤이랑에 위치하고 피부로부터 촉각 정보를 받아들이는 일차 몸감각겉질을 구성한다. 브로드만 영역 4는 일차 운동겉질, 브로드만 영역 17은 일차 시각겉질에 해당한다.

1920년대에 캐나다 신경외과 의사 와일더 펜필드Wilder Penfield는 뇌전증 환자의 뇌를 의식이 있는 상태에서 전기적으로 자극해, 발작을 일으키는 비정상적인 뇌세포 조직의 위치를 알아내는 기술을 개척했다. 뇌전증은 대개 항경련제를 사용해 치료 효과를 볼 수 있지만, 약물에 반응하지 않는 소수 환자의 경우에는 최후의 수단으로 수술을 통해 비정상적인 세포조직을 제거하여 발작을 완화시킨다.

뇌는 극도로 복잡한 기관이므로 신경외과 의사는 언제나 수술 중에 언어나 동작 등 중요한 기능을 수행하는 구역에 원치 않는 손상을 일으킬 위험에 직면한다. 이런 부수적인 손상을 막기 위해 펜필드는 환자가 깨어 있는 상태에서 대뇌겉질을 자극한 다음, 느낌을 그대로 말하게 했다. 일례로 펜필드가 중심뒤이랑을 자극했을 때 환자는 몸의 일부에 촉각을 느낀다고 말했다. 중심앞이랑을 자극하면 그곳에 상응하는 부위의 근육이 경련했다. 좌측 전두엽 부위를 자극하면 말하는 능력에 문제가 생겼다. 이런 방식으로 펜필드는 비정상적인 세포조직의 경계를 표시한 뒤 주변의 정상적인 세포를 건드리지 않고 해당 조직만 제거할 수 있었다.

펜필드는 거의 400명의 환자를 수술했는데, 그 과정에서 일차 운동영역은 중심앞이랑에, 일차 몸감각영역은 중심뒤이랑에 상응한다는 것을 알아냈다. 일차 운동영역과 일차 몸감각영역 이라는 두 세포조직은 모두 지형학적으로 배열되어 서로 인접 하는 신체 부위는 소수의 예외를 제외하고 뇌 조직에서도 인접 지역과 상응했다. 한편 모든 신체 부위가 뇌에 동일한 비율로 나타나는 것은 아니었다. 일차 운동겉질과 일차 몸감각겉질의 상당 구역은 몸에서 움직임이 가장 섬세하고 동시에 가장 민감 한 신체 부위인 얼굴과 손이 차지한다.

펜필드는 비서가 그린 호문쿨루스('작은 인간'이라는 뜻) 그림에 이 중요한 발견을 요약했다. 이 그림은 일차 운동겉질 및 일차 몸감각겉질의 구성과 각각이 담당하는 세포조직의 비율을 표현 한다. 호문쿨루스 그림은 이후에 잘 알려진 3차원 모델로 만들 어졌다.[2]

감각 치환

이처럼 뇌의 기능이 영역별로 고정된 것이 아니라는 초기 증거 는 1960년대 후반에 폴 바크이리타가 시각장애인들로 하여금 촉각을 통해 '볼' 수 있게 하는 장치를 개발해 수행한 연구에서 왔다. 이 장치는 치과 의자를 개조해 등받이에 20×20으로 배열된 400개의 대형 진동 핀을 장착하고 뒤에는 커다란 삼각대 위에 올린 비디오카메라를 연결해서 만들었다.

바크이리타는 소수의 시각장애인을 모집해 이 장치를 시험했다. 여기에는 네 살 때 시력을 잃은 심리학자도 있었다. 의자에 앉아 손잡이를 사용해 천천히 좌우로 카메라를 움직이면 장치가 작동하는데, 그때 카메라에 찍히는 이미지가 등받이의 핀에서 진동 패턴으로 전환된다.

피험자들은 많은 훈련을 거쳐 촉각을 사용해 시각 장면을 정확하게 해석하는 법을 배웠다. 약 1시간의 훈련으로 이들은 수직선, 수평선, 대각선, 곡선을 구별할 수 있었고 다음에는 모양을 인식하기 시작했다. 약 10시간 정도 훈련하고 난 뒤 이들은 모두 흔한 가재도구를 인식했고, 그림자와 원근법을 파악했으며, 얼굴의 특징을 감지해 사람을 알아보기까지 했다.[3]

바크이리타는 이러한 능력이 '교차감각' 메커니즘에서 왔다고 주장했다. 예를 들면 시각처럼 일반적으로 한 가지 감각에 의해 운반되는 정보가 촉각이나 소리처럼 다른 감각에 의해 변형되어 전달되는 것이다. 이후에 과학자들은 기능성 자기공명영상fMRI과 **경두개 자기자극술**TMS(전자기코일을 이용해 대뇌겉질의 특정 부위를 자극하는 방법 – 옮긴이)과 같은 현대 뇌 영상 기법을 사용해 교차감각적 가소성의 수많은 예를 확인하고 발표했다.

뇌 영상 연구를 통해 시각장애인들이 점자를 읽을 때 일차 시각겉질이 활성화된다는 사실이 밝혀졌다. 돌출된 점 패턴을 인식해 점자를 읽으려면 섬세한 운동 제어와 촉각을 통한 변별력이 필요하다. 시력이 있는 사람들과 비교했을 때, 시각장애인들에게서 관찰되는 이러한 일차 시각겉질의 활성화는 모양 인식에 관련된 시각 경로 하부에서 활동이 증가하거나 몸감각영역에서 활동이 감소하는 것과 연관되었다. 태어날 때부터 앞을 보지 못하거나 아주 어린 나이에 시력을 잃은 경우는 물론이고 성인이 된 이후에 실명한 사람들에게서도 같은 패턴이 나타났다.

일례로 경두개 자기자극술로 시각겉질의 활동을 방해했을 때, 시각장애인의 경우 촉각 인지에 차질이 생겼지만 시력이 있는 정상 대조군에서는 그렇지 않았다. 이는 시각장애인에서 일어나는 시각겉질 활성화가 단순한 우연이 아니고 실제로 촉각 정보의 처리 과정과 관련이 있음을 반증하는 것이다.

시각장애인들은 또한 반향정위echolocation(소리를 내고 그 소리가 반사되어 되돌아오는 음파를 인지해 위치를 인식하는 방식 – 옮긴이)를 사용해 길 찾는 방법을 배울 수 있다. 혀를 차서 흡착음을 내거나 발을 두드려 소리를 낸 다음 되돌아오는 울림(반향) 정보를 이용해 주위의 물리적 특성을 인지하고 방향을 읽을 수 있다. 이렇게 하기까지 엄청난 연습이 필요하지만 일단 숙달되면 비디오게임이나 자전거 타기처럼 대부분의 사람들이 보지 않고 할 수 있으리라고는 상상도 못 하는 극도로 복잡한 행동을 할

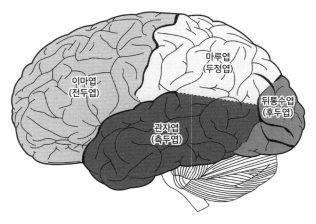

그림 2 두뇌 구조.

수 있다. 시각장애인들이 반향정위로 음파를 탐지할 때 소리 정
보는 뇌의 청각 영역보다는 시각 영역에서 처리되었다.[4,5]

흔히 시각계는 머리 뒤쪽의 뒤통수엽을 통과해 평행하게 이
어지는 별개의 두 경로로 나뉜다. 위쪽에서는 공간 정보를 처리
하고('어디where' 경로), 아래쪽은 물체의 인식('무엇what' 경로)과
연관된다. 이런 식의 구성은 시각장애인에게도 보존된 것으로
보인다. 시각장애인들이 반향정위를 통해 물체의 위치를 알아
내려고 할 때는 시각겉질의 위쪽이, 물체가 무엇인지 인식하려
고 할 때는 아래쪽이 활성화된다.[6]

이처럼 일반적인 시각 입력을 받지 못하게 되면, 시각겉질은
원래 맡은 임무를 전환해 다른 유형의 감각 정보를 처리한다.

더 놀라운 것은 언어처럼 감각과 상관없는 기능까지 수행하도록 적응한다는 점이다. 같은 종류의 뇌 영상 실험에서 시각장애인들이 동사를 말하거나 음성 언어를 들을 때, 또는 어떤 말을 기억하거나 높은 수준의 언어 처리 과제를 수행할 때에도 시각 영역이 활성화되었다.

이러한 과제에서 시각장애인들은 시력이 있는 사람들을 능가했으며, 시각겉질의 활성화 정도는 언어 기억력 시험에서의 수행력과 밀접하게 연관되어 있었다. 이 연구에 따르면 점자는 시각겉질의 앞쪽 끝을 우선적으로 활성화하는 반면 언어는 뒷부분을 활성화했다. 언어 과제 수행 중에 왼쪽 시각겉질이 오른쪽보다 더 활성화되는 경우도 있었는데, 이는 아마 언어 중추가 대개 좌반구에 위치하기 때문일 것이다. 앞서 시각겉질의 활동을 방해했을 때 촉각 정보 처리 및 점자 이해 능력에 문제가 생겼던 것처럼, 같은 상황에서 언어 기억력 과제 수행 능력도 나빠졌다.[7]

청각장애인의 뇌 또한 커다란 가소적 변화를 겪는다. 청력이 있는 사람들의 경우, 귀에서 입력되는 소리 정보는 관자엽의 청각겉질에서 처리된다. 그러나 날 때부터 들을 수 없는 사람은 똑같은 뇌 영역이 시각 자극에 반응하여 활성화된다. 또한 청각장애인들은 주변 시야가 발달했는데, 이는 전반적인 시신경유두(여기에서 시신경 세포의 섬유가 눈을 떠나 뇌로 들어간다) 영역이 증가하고 둘레가 두꺼워지는 것과 연관된다. 또 이는 시각 경로에서 '어디' 경로가 더 강해진다는 사실을 보여준다.

청각장애인의 신경가소성은 시각계나 청각계에 국한되지 않는다. 과학자들은 뇌의 연결을 시각적으로 보여주는 확산텐서영상diffusion tensor imaging, DTI을 사용해 난청이 장거리 신경 경로, 특히 대뇌겉질의 감각 영역과 겉질의 하부 구조인 시상을 잇는 신경 경로에서 일어나는 주요한 변화와 연관이 있음을 발견했다.

시상은 여러 중요한 기능을 한다. 특히 감각 기관에서 오는 정보를 적합한 겉질 영역으로 전달해 대뇌겉질의 서로 다른 영역 사이에서 정보의 흐름을 조절한다. 청력이 있는 사람들과 비교했을 때 청각장애인들은 뇌의 모든 부분에서 시상과 겉질 사이를 연결하는 미세 구조에 변화가 있었다. 따라서 청력 소실은 뇌 전반에 걸쳐 뇌로 정보가 흐르는 길을 근본적으로 뒤바꾸는 가소적 변화를 유도하는 것으로 보인다.[8]

기술이 진보하면서 감각 치환 장치는 바크이리타의 크고 무거운 장치에서 크게 발전했다. 많은 연구팀이 이 장치를 실험 도구로 사용하는 것에 그치지 않고 시각 및 청각 장애인의 잃어버린 감각을 보완하는 인공 기관으로 개발하고 있다. 2015년 6월, 한 장치가 미국 식품의약국FDA으로부터 승인을 받았다. 브레인포트 V100은 사실상 바크이리타가 만들었던 장치의 축소 버전이다. 이것은 선글라스 위에 비디오카메라를 장착하고, 20×20으로 전극을 배열한 작고 평평한 플라스틱 조각을 혀에 올려놓아 사용한다. 카메라를 통해 들어오는 시각 이미지를 컴퓨터 소프트웨어가 번역하여 전극으로 전송하면 혀에서 따끔거리는 감각 패턴으로 인지된다. 시험 결과, 1년 동안 훈련받은 시각장애인의 70퍼센트가 이 장치의 사용법을 배워 물체를 인식할 수 있게 되었다.

교차감각의 처리 및 다감각통합

시력 및 청력 소실 연구가 보여주듯이 대뇌겉질은 놀라운 수준의 가소성을 지녔으며 뇌 기능의 영역 분할은 19세기 신경학자들이 믿었던 것만큼 엄격하지 않다. 일반적으로 어떤 특정한 기능을 수행하도록 특수화된 지역일지라도 역할을 바꾸어 다른 종류의 정보를 처리할 수 있다. 특히 시각겉질은 다양한 비시각적 기능을 수행할 수 있는 것으로 보였다.

일반적으로 두뇌의 감각 경로는 완벽하게 분리되지 않고 서로 얽혀 있으므로 다양한 방식으로 상호작용하고 서로 영향을 줄 수 있다. 대부분의 일차감각영역이 특정한 하나의 감각 기관에서 오는 정보를 처리하도록 특화되어 있지만, 경로 아래쪽에서 움직이는 파트너 대부분은 소위 연합영역으로서 다감각통합이라고 부르는 과정에서 다양한 정보를 조합한다.

교차감각 처리와 다감각통합은 맥거프 효과에서 볼 수 있듯이 일반적인 뇌 기능의 중요한 측면이다. 맥거프 효과는 우리가 눈으로 보는 것과 귀로 듣는 것 사이에 차이가 있을 때 일어나는 강력한 착시현상으로, 가장 좋은 예는 알파벳 G를 발음하는 모습에 B를 발음하는 목소리가 더빙된 동영상을 보았을 때 관찰자가 이를 D로 인식하는 현상이다. 일관되게 나타나는 이러한 오류는 분명 시각과 청각이 서로 상호작용하는 가운데 우리의 언어 인지를 돕는다는 사실을 보여준다.

오늘날 어떤 과학자들은 앞에서 설명한 감각 치환이 공감각synesthesia이라는 신경학적 증상과 공통점이 있으며, 감각 치환은 공감각의 인위적인 형태라고 주장한다. 공감각을 경험하는 사람들은 특정한 감각 정보를 접했을 때 추가로 다른 감각 영역에서 지각을 불러온다.[9] 예를 들어 물리학자 리처드 파인먼Richard Feynman은 글자에서 색을 보는 공감각자였는데, 그에게는 알파벳의 각 글자가 특정한 색깔 감각을 불러오기 때문에 수학 등식이 알록달록한 색깔로 보였다. 이와 달리 화가 바실리 칸딘스키Wassily Kandinsky는 색깔을 보면 소리가 들리는 형태의 공감각 소유자로 그림을 통해 베토벤 교향곡을 시각적으로 창조하려고 애썼다.

한때는 공감각이 대단히 희귀하다고 생각됐지만, 오늘날에 이는 상대적으로 흔한 편이며 100명 중 한 명 이상이 경험한다고 여겨진다. 공감각자의 40퍼센트가 친척 중에 공감각자가 있는 것으로 조사되었는데 이는 유전이 큰 역할을 한다는 뜻이다. 그러나 비공감각자도 훈련을 통해 글자를 색깔이나 소리와 연관 짓도록 학습하면 공감각 경험을 불러올 수 있다. 이런 학습 역시 교차감각 가소성의 결과로 일어난다고 볼 수 있다.

교차감각 가소성이 정확히 어떤 식으로 일어나는지는 아직 명확하지 않지만, 아마 여러 과정이 연관되어 있을 것으로 추정된다. 발생 중인 신경계에서는 신경이 비교적 무작위적으로 연결되었다가 이후에 감각 경험에 대한 반응에 따라 가지를 솎아내고 미세하게 조정된다(3장 참조). 이때 교차감각성 연결은 대체로 제거되지만 일부는 다감각 처리과정을 위해 남겨진다. 교차감각적 가소성은 휴면 상태에 있던 기존의 교차감각 연결을 '깨우거나' 아예 새로운 연결을 형성하는 방식으로 나타나며 둘 다일 수도 있다. 공감각 역시 비슷한 메커니즘으로 일어나는데, 이와 연관된 유전자가 뇌의 발달 과정에 교차감각 경로의 적절한 가지치기를 방해하는 것인지도 모른다.

대뇌겉질의 각 지역이 특정한 기능을 수행하도록 전문화되는 과정은 특별히 흥미롭다. 이러한 전문적인 분업화에는 유전적 요인과 환경적 요인이 모두 관여하는 것으로 보인다. 지역별로 세포는 그 세포가 자리잡은 정밀한 위치와 연결 방식에 따라 특정한 기능을 수행하는 유전자 조합을 활성화시킨다. 이를 위한 설계도는 이후 발생 중에 외부에서 들어오는 감각 정보에 의해 신경 회로의 형태가 만들어질 때 작성되거나, 특정 유형의 정보가 부재할 때 수정될 수 있다. 이 가설은 2014년의 한 연구로 뒷받침되는데, 이 연구에 따르면 특정 유전자를 제거하자 성체 생쥐의 일차 몸감각겉질에서 뉴런의 정체성을 재지정하여 세포가 다른 감각기관에서 오는 정보를 처리하는 현상이 나타났다.[10]

○

발생 가소성

인간의 뇌는 860억~1000억 개의 뉴런, 그보다 훨씬 많은 수의 신경아교세포, 그리고 1000조 개의 정교하고 정확한 시냅스 연결이 존재하는 대단히 복잡한 기관이다. 신경계가 제대로 기능하려면 이 연결 전체가 올바로 구성되어 있어야 한다. 그런데 이처럼 복잡한 기관이 어떻게 발달하는 것일까? 신경계는 소위 잉여 전략을 진화시켰다. 다시 말해 뇌는 처음 발달할 때 실제 필요한 것보다 훨씬 많은 신경세포를 생산한 다음 나중에 다수를 죽인다. 살아남은 세포들도 일단 시냅스 연결을 과도하게 형성한 이후, 잘못된 것들이나 그냥 두면 무성해질 것들을 가지치기한다. 이 과정은 기본적으로 유전에 지배되지만, 출생 초기에 신경 회로가 놓여질 때 이를 미세하게 조정하는 환경 및 경험에 크게 좌우된다.[1]

성장인자와 세포 자살

1940년대 후반, 젊은 리타 레비몬탈치니Rita Levi-Montalcini는 유명한 발생학자 빅토르 햄버거Victor Hamburger의 연구실에 합류해 발생 중인 신경계와 신경이 분포한 신체 기관 및 기타 세포조직 사이의 관계를 밝히는 연구를 시작했다. 햄버거는 닭의 배아에서 발생 중인 사지를 제거한 뒤, 일차 감각뉴런, 즉 사지의 피부와 근육으로 신경섬유를 확장하는 신경세포들이 '표적' 세포가 사라졌을 때 살아남지 못하는 것을 보았다. 그는 신경세포가 어떤 유형으로 발달하는지는 해당 세포의 종착점에 달려 있다는 결론을 내렸다.

그러나 레비몬탈치니는 표적 세포조직의 제거가 신경세포로 하여금 일종의 퇴행성 과정을 겪게 한다고 추정했다. 햄버거와 레비몬탈치니는 함께 일하면서 햄버거의 실험을 반복했고 그가 처음 발견했던 현상을 다시 한 번 확인했다. 팔다리 싹을 제거하면 감각뉴런이 죽었고 반대로 배아에 잉여의 사지를 접붙이면 더 많은 감각뉴런이 생존했다. 이를 바탕으로 레비몬탈치니는 표적 세포조직이 뉴런의 생존에 필요한 피드백 신호를 제공하고 이 신호를 받지 못하거나 신호의 세기가 약하면 뉴런이 죽는다는 가설을 세웠다.[2]

다음에 레비몬탈치니는 신호의 정체를 밝히고 그것의 생물학적 특징을 알아냈다. 다른 과학자들은 닭의 배아로 이식한 신경세포가 빠르게 자라 종양이 된다는 사실을 발견했다. 이를 통해 레비몬탈치니는 이식된 세포조직이 뉴런의 생존을 뒷받침하는 어떤 확산 가능한 인자를 분비한다는 가설을 세웠다. 생화학자 스탠리 코헨Stanley Cohen과 함께 연구하면서 그녀는 페트리접시에서 키우던 감각뉴런에 뱀의 독을 첨가했는데, 실제로 종양보다 훨씬 많은 신경섬유가 자라는 것을 보았다.[3]

이에 코헨은 뱀의 독샘에 해당하는 포유류성 물질인 쥐의 침샘을 연구할 것을 제안했고 실험 결과 침샘이 풍부한 피드백 신호원임을 알아냈다. 코헨과 레비몬탈치니는 침샘에서 신호 분자를 정제해 그 정체가 작은 단백질임을 밝히고 이를 신경성장인자nerve growth factor, NGF라고 불렀다. 이어서 코헨과 레비몬탈치니는 항신경성장인자 항체를 제작한 다음, 갓 태어난 설치류 및 신경세포 배양조직에 주입해 항체가 신경성장인자 단백질의 효과를 차단하는 것을 보였다. 이들의 실험은 신경성장인자가 확산성 단백질이며, 특정 세포조직에서 분비되어 신경세포의 생존과 분화를 촉진한다는 사실을 명확히 드러냈다.[4]

레비몬탈치니의 연구는 신경세포의 발달 과정에서 광범위하게 세포 사망이 일어난다는 직접적인 증거를 제공했고 어떻게 신경이 신체 기관 및 표적 세포조직의 크기에 딱 맞게 공급되는지 명료하게 설명했다. 신경영양인자 가설에 따르면, 신경세포들은 애초에 과잉 생산된 다음 표적이 분비하는 제한된 신경성장인자를 두고 경쟁한다. 신호를 받은 세포들은 살아남아 끝까지 발달하지만 신호를 받지 못한 것들은 시들어 죽는다.

신경성장인자는 맨 처음 밝혀진 성장인자로 신경성장인자의 발견과 특징의 규명은 신경이 발달하는 과정을 이해하는 데 중요한 이정표가 되었다. 레비몬탈치니와 코헨은 함께 1986년 노벨 생리의학상을 수상했다.

그 이후로 분자생물학 기술의 발달로 신경영양인자라고 불리는 수십 개의 다른 성장인자들이 발견되었는데, 각각은 발생 중인 신경계에서 특정한 세포 집단의 생존을 촉진했다. 신경영양인자의 작용을 조절하는 세포막 수용체 단백질도 밝혀지고 있다. 우리는 이들이 작용하는 방식에 대해 자세히 이해하기 시작했다. 수용체에 영양인자가 결합해서 만들어진 성장인자-수용체 단백질 복합체가 세포에 의해 내부로 들어와 핵으로 운송된 다음 특정 유전 프로그램을 켜거나 끄는 방식으로 작용한다.[5]

광범위하게 세포가 죽어 나가는 현상은 모든 생물체에서 신경계 발생 중에 나타나는 정상적인 특징이라는 사실이 곧 명확해졌다. 이 과정을 프로그램된 세포 사망, 또는 세포 사멸이라고 부른다. 세포 사멸은 뉴런 집단의 크기, 세포의 적당한 간격과 위치, 모양과 형태의 발생 등을 조절하므로 뇌가 올바로 발달하는 데 반드시 필요한 과정이다.

세포 사멸은 유전적으로 통제되며 카스파아제라는 효소를 부호화하는 '사형 집행인' 유전자에 의해 일어난다. 발생기에 신경 영양인자의 신호를 받지 못하면 결국 이 사망 유전자의 스위치가 켜진다. 세포 자살 프로그램이 작동하면 카스파아제 단백질이 내부에서부터 세포를 분해하기 시작한다. 세포의 DNA와 스캐폴드 단백질(신호 전달을 조절하는 단백질 - 옮긴이)이 조각나면서 죽어가는 세포의 외형적 특징인 염색체 응축, 세포 수축, 막 수포를 일으킨다. 마침내 면역세포의 일종인 대식세포가 이들을 먹어 치우고 세포 내 찌꺼기를 청소한다.[6]

시냅스 형성

발달 중인 뇌에 있는 미성숙한 뉴런들은 마구잡이로 필요 이상의 시냅스를 연결한 다음, 시간이 지나면서 너무 무성하거나 적합하지 않거나 쓸모없는 것들을 다듬어낸다.

시냅스 형성synaptogenesis에 관한 연구는 운동뉴런의 신경 말단이 골격근의 세포조직과 접촉하는 신경 근육 접합부에서 가장 많이 이루어졌다. 카할은 운동뉴런과 근육이 만나는 부위의 시냅스가 뇌에 있는 훨씬 작고 조밀하게 채워진 시냅스보다 접근하기 편리하고 실험에도 용이하다고 보았다. 그는 자서전《인생

회고록Recollections of My life》에서 "완전히 자란 숲은 뚫고 들어가기도 묘사하기도 힘들다. 차라리 아직 어린 숲으로 돌아가 연구하는 게 낫지 않겠는가?"라고 썼다.

신경 근육 접합부에서 운동뉴런이 신경전달물질인 아세틸콜린을 방출하면 근육 섬유에 있는 수용체에 결합하면서 근육이 수축한다. 그러나 발생 초기에는 신경 말단과 근육 모두 이 과정을 수행할 준비가 되어 있지 않다. 발생 중인 신경섬유(축삭돌기)의 끝은 '성장 원뿔(사상위족filopodia이라고 부르는 손가락 모양의 돌기로 뒤덮인 동적인 구조)'의 형태를 취하는데, 주위에서 화학 신호를 감지해 생장 중인 신경섬유를 올바른 목적지로 안내하고 앞으로 나아가면서 새로운 물질을 배달한다. 이와 비슷하게, 미성숙한 근육 덩어리는 아직 개별 근육세포로 분리되지 않은 상태이고 아세틸콜린 수용체 역시 막 아래에 균일하게 분포한다.

시냅스 형성과 성숙은 미성숙한 신경과 근육 사이의 상호작용에 크게 좌우된다. 성장 원뿔이 확장하여 근육 섬유에 닿으면 아세틸콜린을 뿜어내는데 그로 인해 원래는 균일하게 분포하던 아세틸콜린 수용체들이 모여서 무리를 형성하고 세포막의 특정 장소에 고정적으로 자리잡는다. 근육에 신경이 분포하게 되면 기존에 있던 수용체의 전도성이 높아지고 새로운 수용체 분자가 합성되어 근육막에 삽입된다.

그 결과 미성숙한 근육 덩어리는 개별 근육 섬유로 갈라지고 각각은 종판이라는 특화된 수용체 밀집 지역을 가지게 된다. 과정이 완료되면 종판 1제곱마이크로미터당 약 2만 개의 아세틸콜린 수용체가 자리잡게 되는데, 이는 근육막의 다른 지역보다 밀도가 수천 배 이상 높다.

발생 가장 초기 단계에는 성장 원뿔이 갈라지면서 미성숙한 신경섬유 가지를 하나 이상의 근육섬유에 보낸다. 그러나 발생이 진행되고 뉴런이 완전히 발달하면서 시냅스 연결의 수는 점차 감소한다. 자발적인 전기 활동이 일부 시냅스 연결을 안정시키고, 경험이 이를 강화한다. 또한 이 과정은 적어도 부분적으로는 근육세포에 있는 성장인자의 가용성에 따라 좌우된다. 충분한 양의 성장인자를 받지 못한 신경섬유 가지는 움츠러들고 전기 활동과 경험을 통해 강화되지 못한 시냅스는 잘려 나가 마침내 모든 성숙한 운동뉴런은 각각 하나의 섬유에만 신경이 통하게 된다.[7]

뇌와 척수에 있는 시냅스는 몇 가지 중요한 측면에서 신경 근육 접합부와 다르다. 신경 근육 접합부는 신경을 근육과 연결하지만 뇌에서는 한 뉴런의 신경 말단이 다른 뉴런의 세포체, 축삭돌기, 가지돌기에 접속하여 신경과 신경이 연결된다. 또한 성숙한 운동뉴런은 하나의 근육 섬유에만 연결되지만, 뇌의 뉴런들은 평균 약 1만 개의 시냅스 연결을 형성한다고 추정된다. 작은 크기, 복잡성, 어려운 접근성 등 때문에 우리는 뇌에서 시냅스가 형성되는 과정에 대해 훨씬 모르고 있다. 그러나 기본적으로는 신경 근육 접합부에서와 같은 방식으로 조립된다고 여겨진다.

모든 생물에서 시냅스 형성은 배아가 발달하는 시기에 시작해 출생 초기까지 계속된다. 인간의 경우 기능을 수행하는 시냅스는 임신 23주에 처음 관찰되었다. 지금까지 진행된 소수의 사후 검사에 따르면 시냅스는 뇌의 구역에 따라 각각 다른 비율로 형성되지만 일반적으로 거의 모든 구역에서 생후 첫해에 그 수가 정점을 찍는다. 그리고 예를 들어 시각겉질에서는 시냅스 형성과 안정화가 시각 경험에 크게 영향을 받는다(아래에서 자세히 설명하겠다). 시냅스 연결의 수는 생후 2.5~8개월 사이에 가장 높은 밀도에 도달한다. 이와 대조적으로 발달 중인 이마겉질(전두피질) 일부 구역에서는 생후 3년까지도 새로운 시냅스가 계속 형성된다.[8]

시냅스 가지치기

원치 않는 신경 연결은 시냅스 가지치기라는 과정에 의해 발생 중인 신경계에서 제거된다. 비교적 최근까지도 대뇌겉질의 시냅스 가지치기는 대부분 사춘기에 일어나고 초기 청년기에 완료된다고 알려져 있었으나 지난 몇 년 동안 앞이마겉질(전전두피질)에서의 시냅스 가지치기는 생후 30년까지도 지속되고 그 이후에 총 시냅스 수가 성인 수준으로 안정된다는 것이 명확해졌다.[9]

이처럼 인간의 두뇌는 약 16세에 완전한 크기에 도달하지만 앞이마겉질은 가지치기가 완료될 때까지 완전히 성장하지 않는다. 그리고 이런 점진적인 뇌의 변화는 행동의 변화와도 연관된다. 이마엽(전두엽)은 의사결정이나 보상 평가 등 복잡한 뇌 기능과 관련이 있는데, 발달이 완료되기까지 시간이 오래 걸리므로 청소년들은 동년배로부터 인정을 받는 것에 큰 가치를 두는 경향이 있으며, 인정받기 위해 위험을 감수하는 경우도 빈번하다. 20, 30대에 시냅스 가지치기가 앞이마 회로를 다듬고 나면 실행 기능이 개선되고 성인은 좀 더 책임감 있게 행동하게 된다.[10]

시냅스 형성과 가지치기는 미성숙한 뇌에서 광범위하게 일어나며, 이는 뇌가 제대로 발달하기 위해 필수적인 과정이다. 그러나 두 과정 모두 발생기에 제한되는 것은 아니다. 성인의 뇌는 평생 새로운 시냅스를 만들어내고 원치 않는 것을 제거한다. 그리고 이제 우리는 이 두 과정이 모두 학습, 기억, 그리고 정상적인 뇌 기능의 여러 측면에 중요한 역할을 한다는 걸 알게 되었다(4장 참조).

감각 경험과 임계기

감각 경험이 발생 중인 신경회로를 형성하는 과정은 대부분 1960년대에 생리학자 데이비드 허블과 토르스텐 비셀의 대표적인 실험을 통해 밝혀졌다. 이들은 미소 전극을 사용해 고양이의 일차 시각겉질에서 세포의 속성을 조사하던 중에 특정 방향으로 움직이는 어두운 막대에 의한 시각 자극에 매우 선별적으로 반응하는 신경세포를 찾아냈다.[11] 이어서 허블과 비셀은 이와 같은 방향-선택 세포가 번갈아가며 기둥 모양의 열을 지어 어느 한쪽 눈에서 오는 시각 입력에 우선적으로 반응한다는 것을 보였다.[12] 이 눈우세기둥ocular dominance column은 일차 시각겉질에 특징적인 줄무늬 형상을 만들었고 따라서 일차 시각겉질을 줄무늬겉질striate cortex, 선조피질이라고도 부른다.

이처럼 왼쪽과 오른쪽 눈에서 오는 시각 입력은 일차 시각겉질에서 합쳐진 다음 그곳에서 공간을 두고 경쟁한다. 또 다른 실험에서 허블과 비셀은 이 경쟁이 어떻게 시각 경험에 의해 유도되는지를 보였다. 이들은 갓 태어난 새끼 고양이의 한쪽 눈꺼풀을 꿰맨 채 키웠는데 이것이 시각겉질의 발달에 엄청난 영향을 주었다. 원래는 봉합된 눈에서 들어오는 자극을 받아들였어야 할 눈우세기둥이 발달하지 못했고, 반면 열린 눈에서 오는 입력을 받아들이는 눈우세기둥은 원래보다 훨씬 크게 자랐다.

이때 봉합된 눈을 풀면 이 현상을 되돌릴 수 있지만, 단 고양이가 특정 연령에 도달하기 전에 열어주어야지만 효과가 있었는데 이는 매우 중요한 사실이다.[13,14]

이 실험은 신경 발생 과정을 이해하는 데에 매우 중요한 또 한 번의 발전이었다. 실험 결과 시각겉질의 온전한 발달은 외부로부터 입력되는 시각 자극에 크게 좌우된다는 사실이 밝혀졌고, 발생 신경학뿐 아니라 심리학에서도 임계기critical period(발생기에 신경계가 특정 환경 자극에 특별히 예민한 짧은 기간)가 핵심적인 개념으로 확립되었다.

허블과 비셀에게 노벨상을 가져다준 이 연구로 약 4퍼센트의 어린이들이 겪는 약시의 효과적인 치료법이 개발되었다. 약시는 부적절한 눈 발달로 일어나는데, 그 결과 시력 감퇴, 사시, 깊이 감각 이상이라는 증상이 발생한다. 약시는 정상적인 눈을 안대로 가려서 치료하는데, 약시인 눈을 강제로 쓰게 만들어 시각 경로가 발달하게 한다. 단, 8세 이전에 치료를 시작해야 가장 좋은 결과를 얻을 수 있다.

후속 연구에 따르면 다른 감각계도 시각과 비슷하게 발달 과정의 경험에 크게 영향을 받는다. 또한 시각겉질에서 가소성의 임계기는 억제성 사이뉴런interneuron, 중간뉴런의 발달과 함께 제어된다는 것이 밝혀졌다. 일반적으로 사이뉴런은 뇌의 단일 구역에 제한되며 신경섬유의 길이가 짧다. 사이뉴런은 신경전달물질 중에서도 뉴런의 활동을 억제하는 감마아미노낙산GABA을 합성 및 분비하며, 정보 통합과 신경망 활동 조절에도 중요한 역할을 한다.

뇌에는 다양한 종류의 사이뉴런이 있다. 그러나 많은 사이뉴런이 아직 제대로 밝혀지지 않았고 그들의 다양한 형태와 기능에 대해서도 우리는 충분히 알고 있지 않다. 그러나 적어도 큰바구니세포라는 사이뉴런은 발달 중인 시각계의 가소성에 명백한 책임을 지고 있다.

큰바구니세포는 일차 시각겉질에 존재하지만 천천히 성숙한다. 갓 태어난 쥐가 처음으로 눈을 뜨면 Otx2라는 단백질이 망막에서 시신경을 따라 시각겉질로 운반되어 그곳의 큰바구니세포 안에 축적된다. 이 단계에서 큰바구니세포는 아직 미성숙하므로 이웃하는 신경세포들과 수많은 미약한 억제성 연결을 형성한다. 그러다가 Otx2 단백질의 농도가 어느 수준에 도달하면 단백질 분자들이 핵 안으로 들어가 큰바구니세포의 성숙을 촉진하는 유전 프로그램을 활성화한다.[15]

이 프로그램이 실행되면 큰바구니세포는 시냅스 연결을 다듬기 시작한다. 어떤 시냅스는 안정되고 강화되지만, 어떤 것들은 가지치기에 의해 제거된다. 그사이에 점차 발달해가는 바구니세포 조직망이 세포 밖에서 서서히 세포외기질 단백질 그물로 감싸지면서 새로운 시냅스 연결을 더욱 강화한다. 이렇게 감각 경험은 큰바구니세포의 발달을 추진하는 방식으로 시각겉질의 미세 구조를 다듬는데, 이는 세계에 대한 표상이 가장 정확한 시점에 탄생한 회로를 통합함으로써 가소성에 제동을 건다.[16]

　마찬가지로 생쥐에서 억제성 신경전달물질인 GABA 합성에 필요한 유전자를 제거하거나 GABA가 매개하는 억제 작용을 약화하는 약물을 주입하면 눈우세기둥의 경험 의존적 가소성이 저해된다. 이와 비슷하게 큰바구니세포의 생존과 성숙에 필요한 성장인자인 뇌유래신경영양인자brain-derived neurotrophic factor, BDNF를 투입하면 임계기가 빨리 종료된다. 반대로 바구니세포의 바깥 그물을 망가뜨리는 효소를 쥐의 뇌에 주사하면 임계기가 다시 시작되며, 갓 태어난 생쥐의 뇌에 미성숙한 사이뉴런을 이식하면 이식된 뉴런의 발달에 맞춰 가소성이 높아지는 시기가 다시 한 번 유도된다.[17]

　이와 같이 '임계기'는 과거에 생각한 것만큼 결정적이지 않다. 임계기의 타이밍, 제어, 종료가 장거리 억제 회로의 발달에 좌우된다는 놀라운 발견은 이 결정적 시기가 나중에도 '다시 열릴' 수 있는 방법을 암시한다. 실제로 GABA가 매개하는 억제 작용을 차단하는 약물을 사용해 시각겉질에서 가소성을 복원함으로써 성인 약시에도 희망을 줄 수 있을지 시험 중이다.[18]

시냅스가소성

신경세포(뉴런)는 전기화학 언어를 사용해 정보를 처리하고 의
사소통하는 일에 특화되어 있다. 신경세포는 정보를 부호화하
는 전기 자극을 생성한 다음 가느다란 섬유를 따라 그것을 운반
하며, 이 신호를 세포 간에 전달하는 일은 화학 전달자의 몫이
다. 시냅스는 이처럼 신호 전달(신경화학 전달)이 일어나는 신경
세포 사이의 접합부를 말하며 시냅스가소성은 시냅스가 변형되
는 다양한 방식을 말한다.

　대부분의 뉴런은 다수의 가지돌기와 하나의 축삭돌기를 가진
다. 가지돌기가 다른 세포로부터 받은 신호를 내부에서 처리한
다음 세포체에 보내면 유입된 신호들이 이곳에서 합쳐진다. 이
에 응답하는 신호는 세포체에 가까운 축삭돌기의 시작 마디에
서 생성된 다음, 축삭돌기를 따라 신경 말단까지 전달된다. 신

경 자극은 시냅스의 틈을 건너뛸 수 없으므로 축삭 말단에 도착한 자극은 화학 신호로 전환된다.[1]

뇌 시냅스의 기능적 구조

시냅스는 화학 신호를 보내는 시냅스전막presynaptic membrane과 신호를 받는 시냅스후막postsynaptic membrane이라는 두 개의 구조적·기능적 구성요소로 이루어진다. 뉴런은 소위 '효과' 기관'effector' organ인 골격근 섬유나 호르몬 분비샘과도 시냅스를 형성하지만, 뇌에서는 전적으로 자기들끼리 연결되므로 한 세포의 신경섬유 말단은 축삭돌기, 가지돌기, 또는 세포체를 가진 다른 가까운 신경세포로 향한다.

흔히 시냅스 전 신경 말단을 시냅스단추synaptic bouton라고 한다. 흥분성 시냅스의 시냅스 후 구성요소는 가지돌기가시dendritic spine라는 미세한 돌기 안에 배열되는 반면 억제성 시냅스의 경우는, 가지돌기의 줄기 자체나 세포체 주위에서 발견되는 시냅스후막의 특화된 지역에 있다.[2] 시냅스단추와 가지돌기가시 사이의 미세한 간극인 시냅스틈synaptic cleft은 너비가 20~40나노미터(1나노미터는 1미터의 10억분의 1)에 불과하다. 그러나 이렇게 좁은 틈에서도 시냅스는 고도로 조직된 3차원 구조물인 단추와 가시를 통해 매우 전문적인 기능을 수행하며, 각 구성요소의 행동은 빈틈없이 조율된다.

일반적으로 뇌에는 두 종류의 시냅스가 있다. 흥분성 시냅스는 신경전달물질인 글루타메이트를 방출하여 시냅스후세포가 신경 자극을 일으킬 가능성을 높인다. 반면에 억제성 시냅스는 신경전달물질로 GABA를 사용해 시냅스후세포가 점화할 가능성을 낮춘다.

휴지 상태의 신경세포에서 신경전달물질은 막으로 둘러싸인 시냅스소포라는 작은 구체 안에 저장된 상태로 신경 자극이 도착하기를 기다리면서 신경 말단의 막 바로 밑 '활성 구역'에 '도킹'해 있는데, 자극이 말단에 도착하면 시냅스전막에서 칼슘 이온이 유입되고, 그로 인해 일부 시냅스소포가 막에 융합하면서 내용물인 신경전달물질을 시냅스틈으로 방출한다. 일단 방출된 신경전달물질은 시냅스틈을 가로질러 확산한 다음 시냅스후막에 삽입된 수용체 단백질에 결합해 자극을 유발한다. 이 과정은 '양자화되었다'고 하는데 그 이유는 각 시냅스소포에 정해진 양의 신경전달물질 분자가 들어 있으면서 이처럼 전달물질의 양자('꾸러미'라는 뜻)를 구성하기 때문이다.[3]

이런 방식으로 방출된 신경전달물질은 시냅스후막에 삽입된 수용체 분자에 결합한다. 일부 수용체는 시냅스후막을 가로지르는 구멍인 이온 통로를 형성하는데, 신경전달물질이 결합해

통로가 열리면 양전하를 띤 나트륨, 칼륨, 칼슘 이온, 또는 음전하를 띤 염소 이온의 형태로 전류가 막을 통과하면서 막의 전도도를 바꾼다. 다른 수용체들은 효소와 기타 단백질의 하부 경로에서 일어나는 소위 이차 전달물질 연쇄반응에 관여해, 신경전달물질이 결합하면 시냅스후세포 안에서 오랫동안 지속되는 생화학 변화를 일으킨다.[4]

시냅스후세포에서 신경전달물질 수용체의 움직임과 하부 신호전달 연쇄반응의 다양한 구성요소는 시냅스후밀집체postsynaptic density, PSD라고 부르는 복잡한 스캐폴드 단백질 조직망에 의해 조절된다. 이것은 전자현미경으로 보면 막 바로 아래에서 두껍

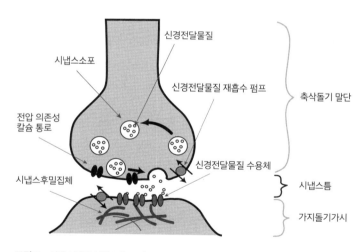

그림 3　시냅스전과 시냅스후 구성요소.(https://commons.wikimedia.org/wiki/File:
Synapse_Illustration2_tweaked.svg, CC BY-SA 3.0)

고 흐릿한 형태로 보인다. 또 시냅스후밀집체는 수십 개의 다양한 단백질로 구성되며 이것들이 모두 협동하여 시냅스후세포 안에서 수용체의 움직임 및 관련 분자를 제어한다.[5]

지금까지 알려진 신경가소성의 형태 중에 장기강화long-term potentiation, LTP는 일종의 시냅스가소성이며 가장 집중적으로 연구되었다. 장기강화는 시냅스에서 진행되는 신호 전달의 효율을 높이는 과정으로, 지금은 학습하고 기억하는 방식 대부분의(비록 전부는 아닐지라도) 신경적인 기초가 된다고 여겨진다. 시냅스 변형은 중독에도 중요한 역할을 하는데, 이는 신경가소성이 잘못 적응된 예로 비정상적인 학습과 연관되어 있다(8장 참조).

장기강화와 장기억압

기억력 형성이 시냅스 연결의 변형과 연관이 있다는 주장은 역사가 200년도 넘는다. 1780년대에 스위스 자연과학자 샤를 보네와 이탈리아 해부학자 미켈레 빈센조 말라카네는 서신을 통해 정신적 훈련이 두뇌 성장을 유도할 수 있다는 발상에 대해 논의했다. 말라카네는 어미가 같은 개와 새를 각각 한 쌍씩 데려와 그중 하나만 훈련해 이 가설을 검증하기로 했다. 몇 년 후 말라카네는 동물의 뇌를 절개했고, 훈련받은 개체가 그렇지 않

은 개체보다 소뇌에 주름이 훨씬 많다는 사실을 발견했다. [6]

거의 100년 후, 철학자 알렉산더 베인Alexander Bain은 "모든 기억 활동, 신체적성 훈련, 습관, 기억, 생각의 훈련에 따라 특정 세포 접합부의 수가 늘어나면서 특정 감각 및 동작의 집단화 및 조정이 일어난다"라고 말했다.

1940년대에 캐나다 심리학자 도널드 헵Donald Hebb은 아이들을 위해 집에 데려간 실험용 쥐가 몇 주 후 실험실로 돌아왔을 때 문제 해결 과제에서 다른 쥐들보다 월등하다는 것을 알게 되었다. 이는 초기 경험이 뇌 발달과 기능에 극적이고 영구적인 영향을 미친다는 사실을 보여준다. 헵은 1949년에 발간한 영향력 있는 책《행동의 조직The Organization of Behavior》에서 이 발견에 대해 보고하면서 다음과 같이 결론지었다. "경험이 풍부한 반려동물 집단은 … 성장한 후에 새로운 경험을 통해 더 많은 것을 얻을 수 있는데, 이는 '지적인' 인간의 특징 중 하나다."

이 책에서 헵은 기억이란 시냅스 연결이 강화되면서 형성된다는 가설을 주장했다. "반사적인 행동의 지속 또는 반복이 안정성을 높이는 방향으로 세포 변화를 유도하는 경향이 있고, 또 이 변화가 오래 지속된다고 가정해보자. 세포 A의 축삭이 세포 B의 전기적 흥분을 일으킬 만큼 가까이 있고 반복적으로 또는 집요하게 세포 B를 점화한다면, 한쪽 혹은 양쪽 세포 모두에서 어떤 증가 또는 대사 변화가 일어나 세포 B를 점화하는 세포로서 세포 A의 효율이 커진다." 다시 말해 신경 자극을 주고받는 뉴런 사이에 배선이 연결된다는 뜻이다.

헵의 발상은 시대를 훨씬 앞서간 것이었다. 티모시 블리스와 테레 뢰모는 거의 25년이 지나서야 헵이 기술한 메커니즘을 관찰했다. 블리스와 뢰모는 토끼를 마취시키고 미세 전극으로 관통로perforant path(내후각피질과 해마형성체를 연결하는 경로 – 옮긴이)의 섬유를 자극하면서 경로 끝의 해마 치아이랑에 있는 뉴런의 전기 반응을 기록했다.

예상대로 관통로 섬유를 자극하자 치아이랑 세포가 전기 반응을 일으켰다. 그런데 섬유를 10~20헤르츠로 반복해서 자극했더니 치아이랑에서 전기 반응이 엄청나게 증폭했다. 반응의 크기가 커졌을 뿐 아니라 오래 지속되었으므로 세포가 원상태로 돌아오는 데 훨씬 오래 걸렸다.[7]

반복된 자극은 관통로 섬유와 치아이랑 뉴런 사이의 시냅스 연결을 강화하면서 신경화학 신호전달의 효율을 크게 증가시켰다. 블리스와 뢰모의 초기 실험에서 이 강화 현상은 30분에서 10시간까지 장기간 지속되었고, 그래서 이들은 이 현상을 장기강화라고 불렀다. 현재는 장기강화가 수일, 수주, 어쩌면 그보다 오래 지속될 수 있다고 알려져 있다.

장기강화의 유도는 흥분성 신경전달물질인 글루타메이트와 N–메틸–D–아스파르트산NMDA 수용체의 결합에 달려 있다.

NMDA 수용체는 나트륨, 칼륨, 칼슘이 투과하는 이온 통로지만, 이온 전류가 흐르는 중심의 구멍은 마그네슘 이온에 의해 차단된다.

정상적인 상태에서는 마그네슘에 의한 차단이 유지되고, 신경 말단에서 방출된 글루타메이트는 NMDA 수용체가 아니라 AMPA 수용체와 카이네이트 수용체 이렇게 두 개의 다른 수용체를 통해 작용한다. 그러나 장기강화를 유도하는 고주파 자극을 주면 신경 말단에서 글루타메이트의 방출량이 늘어나면서 차단이 풀리고 NMDA 수용체를 통해 전류가 흐른다. 이때 칼슘의 유입은 장기강화의 밑바탕이 되는 세포 작용에 필요한 다양한 효소를 분비하게 하므로 특히 중요하다.[8]

이렇게 NMDA 수용체는 장기강화를 유발하는 데 완벽하게 최적화된, 고유한 생물물리학적 특성을 갖고 있다. NMDA 수용체는 평소에 마그네슘에 의해 차단되어 있다가 시냅스전세포에서 고주파 자극을 보낼 때만 반응하여 활성화한다. 또한 NMDA 수용체를 통과하는 칼슘 전류는 극히 제한된 지역에만 흐르므로 칼슘 농도가 높아질 때 별도의 '미세 영역'을 만드는데, 이런 방식으로 장기강화는 한 뉴런에서 개별 가지돌기가시나 그 하위 집단에 국한되어 작용할 수 있다.[9]

장기강화는 강화된 시냅스 연결을 중심으로 시냅스전presynaptic과 시냅스후postsynaptic의 모든 요소에 변화를 일으킨다. 전형적으로 신경 말단의 활성 구역에는 각각 수백 개의 시냅스소포가 있다. 그러나 이 중에서 언제든지 방출 가능한 것은 소수에 불과하다.

고주파 자극은 막에 융합하는 소포 또는 가용한 소포의 수를 늘리거나 순환율을 높이는 방식으로 (혹은 이 방법들을 조합하여) 신경 말단에서 글루타메이트의 방출을 촉진한다.

현재는 공초점 현미경 같은 기구를 통해 개별 수용체 분자에 형광 표지 분자나 양자점(퀀텀닷) 표지를 달아 수용체의 분포를 눈으로 볼 수 있고, 동물의 뇌에서 분리 배양한 살아 있는 세포에서도 수용체의 움직임을 추적할 수 있다. 이런 방법으로 과학자들은 뉴런의 표면에 이동성, 비이동성 글루타메이트 및 GABA 수용체가 존재하고 이들은 뉴런 안에서 빠르게 이동할 수 있다는 사실을 밝혔다.

이와 같은 수용체 이동trafficking은 시냅스후세포의 반응성을 향상시킬 수 있다. 장기강화가 유도되면 AMPA 수용체가 이동해 막에 삽입된 다음, 막 안에서 움직여 가지돌기가시의 시냅스 부위에 밀집한다. 같은 방식으로 장기강화는 평상시에 AMPA 수용체가 부족해 '잠이 든' 시냅스에 이 수용체를 삽입함으로써 잠을 깨우는 것으로 여겨진다. 집결된 수용체는 시냅스소포처럼 막으로 둘러싸인 구체 안에 든 채 운송되고 세포외배출 작용에 의해 막에 삽입되는데 이는 신경전달물질이 방출될 때 시냅

스전막에 소포가 접합하는 것과 동일한 방식이다.[10]

흥분성 시냅스에서 AMPA 수용체의 이동은 시냅스후밀집체의 스캐폴드 단백질에 의해 유도되는데, 시냅스후밀집체는 가지돌기가시 끝에 제한적으로 존재하면서 수용체와 하부 신호 전달 파트너들을 적절한 위치에 고정시킨다. 장기강화가 유도된 후 NMDA 수용체를 통과해 흘러들어온 칼슘 전류는 스캐폴드 단백질을 재배열하여 수용체를 재배치하는 효소를 활성화한다.[11]

일단 장기강화가 유도되면 시냅스후세포는 신호를 보낸 시냅스전세포에 다시 신호를 보낸다. 거꾸로 전해진 신호는 장기강화를 유지하는 데 필요한 여러 세포 내 단백질을 합성하는 유전자들을 작동시킨다. 기체성 신경전달물질인 일산화질소는 거꾸로 움직이는 이 신호의 전달 매체로 작용한다.

이 모든 메커니즘은 원래대로 되돌아갈 수 있다. 신경 말단에서 시냅스소포를 재활용하는 속도가 감소하면 활성 지역에서 바로 사용할 수 있는 소포가 고갈된다. 그리고 시냅스후막에 삽입된 수용체는 삽입될 때만큼이나 빠르게 제거될 수 있는데, 이 현상들이 합쳐져 장기강화와 반대되는 효과를 불러온다. 이처럼 신경 전달의 효율이 낮아지면서 시냅스 연결이 약해지는 과정을 장기억압long-term depression, LTD이라고 한다. 장기억압 역시 NMDA 수용체에 좌우되지만 시냅스후 반응이 없는 상태에서도 시냅스전뉴런에서 저주파 자극의 반복으로 유도될 수

있다.[12]

블리스와 뢰모는 1973년에 장기강화를 다룬 고전적인 논문을 다음과 같이 조심스러운 말로 끝맺었다. "동물이 실생활에서 장기강화를 사용하는지 안 하는지는 … 또 다른 문제이다." 그러나 당시에도 이미 기억과 관련이 깊다고 알려진 해마에서 장기강화가 발견되었다는 사실은 장기강화가 학습의 기저를 이루는 메커니즘이라는 사실을 강하게 시사했고 그 이후로 시냅스 강화가 실제로 기억 형성의 필요충분조건이라는 증거가 서서히 축적되었다.

예를 들어 생쥐를 물이 담긴 원형 풀장에 넣고 물속에 설치한 계단을 찾게 하면, 쥐는 계단의 정확한 위치에 대한 공간 기억을 재빨리 형성하므로 다음번에 풀장에 넣었을 때 곧바로 계단을 향해 헤엄친다. 그러나 학습 과정에서 NMDA 수용체 차단 약물을 주입한 생쥐는 공간 기억 형성에 방해를 받아 다음번에 숨은 계단을 바로 찾지 못한다.[13]

오늘날 과학자들은 얼마든지 원하는 실험을 할 수 있는 정교한 기술을 갖추고 있다. 그중에서도 광유전학은 전례없이 정확하게 신경 활동을 조절할 수 있다. 광유전학 기술로 해조류 단백질인 채널로돕신 유전자를 특정 유형의 뉴런에 넣을 수 있다. 그러면 세포는 새로운 유전자를 이용해 채널로돕신 단백질을 합성하고 막에 삽입하는데, 그렇게 하면 세포가 빛에 민감해져서 어떤 채널로돕신을 합성했느냐에 따라 밀리세컨드 단위로 스위치를 켜고 끌 수 있게 된다.

이 방법으로 과학자들은 기억이 형성되는 동안 점화되는 해마의 뉴런을 표시하고, 광섬유를 통해 레이저 펄스를 뇌로 전달해 뉴런을 재활성화시킬 수도 있다. 생쥐가 주변 환경의 특정한 장소와 불쾌한 경험을 연결 짓는 순간에 점화되었던 해마 뉴런을 재활성화했더니 공포 반응이 일어났는데, 이는 해당 뉴런의 재활성화가 나쁜 기억을 불러왔음을 강하게 시사한다. 이런 식으로 다양하게 기억을 조작할 수 있다. 예를 들어 두려운 기억을 즐거운 기억으로 바꾸거나 반대로 완벽하게 가짜인 공포스러운 기억을 쥐의 뇌에 심을 수도 있다.[14]

이와 같은 연구는 시냅스 변경이 신경 차원에서 학습과 기억의 기초라는 주장에 가장 설득력 있는 증거를 제시한다. 또한 두 과정에서 시냅스 강화와 약화가 모두 필수적인 조건이라는 사실도 널리 받아들여지고 있다. 해마의 신경망 안에서 특정 시냅스 집합이 강화되고 다른 시냅스는 약화될 때 기억이 형성되며, 기억이 인출되기 위해서는 동일한 신경망이 재활성화되어야 한다는 최근의 견해도 있다.

시냅스 형성

장기강화는 시냅스전과 시냅스후 양쪽에서 일시적인 분자 수준의 변화를 수반하는 기능적 가소성의 한 형태이지만, 학습과 기억은 신경세포에서 커다란 구조적 변화를 일으키기도 한다. 경험과 학습은 기존 시냅스 연결의 강도를 바꿔놓을 뿐 아니라 완전히 새로운 시냅스를 창조하기도 한다.

뇌에서 흥분성 신경 전달의 대부분은 가지돌기가시에서 일어난다. 그래서 과학자들은 학습과 경험이 어떻게 이 미세한 구조에 변형을 일으키는지에 관심을 가져왔다. 가지돌기가시는 100년 전에 카할이 새의 소뇌에서 발견했지만, 과학자들이 더 자세히 연구하게 된 것은 1930년대에 전자현미경이 개발되면서부터였다.[15] 과학자들은 뇌의 세포조직을 아주 얇은 절편으로 여러 겹 잘라 각각의 이미지를 촬영한 다음 어렵게 전체를 재구성하여 시냅스후뉴런의 가지돌기에 가시와 시냅스가 어떤 식으로 배열되고, 감각 경험에 대한 반응으로 어떻게 재배열되는지에 관해 더 나은 이론을 세우게 되었다.

초기에는 증거가 서로 상충했다. 장기강화를 유도했을 때 어떤 실험에서는 2~6분 만에 해마에서 가지돌기가시의 크기가 약 15퍼센트 커졌고 10~60분이 지나면 훨씬 더 커졌다. 반면에 다른 실험에서는 시냅스후밀집체의 면적이 주목할 만한 수준으로 증가했다. 어떤 연구자들은 장기강화를 유도했을 때 가지돌기가시와 시냅스의 수는 증가하지만 크기는 변하지 않는 결과를 얻은 반면, 가시돌기가시의 부피는 크게 증가하지만 수의 변화는 관찰하지 못한 경우도 있었다.[16]

1990년대에 이광자 레이저 주사 현미경 같은 고해상도 타임랩스 영상 기술이 개발되면서 과학자들은 이러한 과정을 더욱 면밀히 관찰하게 되었다. 초기에는 동물의 뇌에서 조직을 절개해 페트리접시에 키우면서 실험했지만, 두개골을 얇게 잘라내고 그 자리에 투명한 대체물을 삽입하는 '두개골 윈도cranial window'를 통해 살아 있는 동물에서도 실험이 가능해졌다. NMDA 수용체가 작동하고 칼슘 농도가 증가할 때 이에 반응해 형광을 내는 센서 분자를 사용한 생체 영상을 통해 감각 경험이나 새로운 운동 기술을 학습하는 장시간 동안 그 과정을 관찰할 수 있다.

이 새로운 기법들은 초기의 발견을 검증했고, 감각 경험이 가지돌기가시의 구조적 변화를 일으키며 장기강화는 시냅스의 크기, 모양, 수에 신속한 변화를 유도할 수 있다는 것을 보여주었다. 장기강화가 유도되면, 가지돌기에 새로운 가시가 생성되고 때로 생성된 가지는 가시의 형성을 촉발한 동일한 시냅스단추와 연결을 형성한다. 기존 가시의 머리는 크게 자라는 반면, 목은 짧고 굵어진다. 반복적인 전기 자극으로 가시의 머리가 차지하는 부피가 1분 만에 3배나 증가할 수 있다. 이러한 모든 변화는 수용체를 가시의 머리로 운반하는 일을 도와 글루타메이트에 훨씬 민감하게 만든다.

학습과 경험은 같은 가지돌기가지dendrite branch를 따라서, 또 같은 가지돌기 나무의 다른 가지를 가로질러 패턴화된 방식으로 새로운 가시를 형성하는 것으로 보인다. 생쥐에서 운동 학습은 운동겉질에 있는 뉴런의 가지돌기와 인접한 곳에 새로운 가시 집단을 형성하게 유도하며, 이웃하는 집단을 약화 또는 축소시킨다. 새로 집단을 이룬 가지돌기가시들은 홀로 형성된 가시보다 훨씬 오래 유지된다.[17]

기억이 지속되는 과정이 새로 형성된 가지돌기가시의 안정화 및 이웃하는 시냅스의 동시 활성과 관련이 있다는 가설은 유혹적이다. 가지돌기의 구조 변화는 시냅스후밀집체를 구성하는 필라멘트성 단백질의 재조직화를 포함하는데, 이는 장기강화가 유도되었을 때 NMDA 수용체에서 촉발되는 신호 경로와 동일한 경로에 의해 일어난다. 더 나아가 생쥐의 운동겉질에 있는 개별 피라미드세포는 운동 과제마다 각기 다른 가지에서 칼슘의 미세 영역을 만들어낸다. 따라서 가지돌기의 각 가지 또는 가지 위에 생성되는 가시들은 정보를 저장하는 기본 단위로 쓰일지도 모른다.[18]

그러나 시냅스 변형, 가시 형성, 그리고 기억 사이의 정확한 관계는 아직 명확하지 않다. 심지어 기억에 새로운 가시가 필요하지 않다는 증거도 있다. 예를 들어, 청설모의 뇌에서 가지돌기가시의 밀도는 동면 시기에 극적으로 감소했다가 깨어나면서 다시 증가하지만, 여전히 동면을 시작하기 전에 배운 과제를 기억한다. 이와 비슷하게, 암컷 쥐에서 발정기 때 해마의 가시 밀도는 30퍼센트가량 감소하지만, 여전히 월경 주기 전에 배운 것들을 기억한다.

이런 발견은 기억이 장기간 보관되기 위해 가지돌기가시가 반드시 지속될 필요는 없다고 말한다. 그러나 기억과 학습이 가지돌기의 구조를 변경하는 구체적인 방식에 관해 상충하는 결과가 관찰된 것은 실험에 사용한 자극의 종류나 실험한 뇌 영역이 달랐다는 점이 부분적인 이유가 될 수 있다. 심지어 실험 전에 뇌세포를 준비하는 도중에 손을 대기만 해도 내부의 가시 밀도가 달라진다는 증거도 있다.

가지돌기가시의 형태가 다양하고 모든 가시는 어떤 형태라도 취할 수 있다는 사실이 문제를 더욱 복잡하게 만든다. 크고 둥근 머리와 가느다란 목이 부모 가지돌기에 연결된 버섯 같은 가시가 있는가 하면, 가늘고 긴 손가락처럼 보이는 가시도 있고, 짧고 통통하며 목이 잘 보이지 않는 작은 가시도 있다. 이처럼 여러 가지 형태가 저마다 기억 보관의 서로 다른 측면에 기여할 수도 있고, 기억의 유형에 따라 가지돌기에 다양한 구조적 변화가 일어날 수도 있다.[19]

또한 시냅스는 약화되거나, 각 시냅스와 결합된 가시가 수축하거나, 상응하는 시냅스전 파트너에서 떨어져 나가거나, 심지어 퇴화하거나 한꺼번에 제거될 수도 있다. 시냅스 제거 또는 시냅스 가지치기는 뇌가 발달하는 시기에 광범위하게 일어나며 신경 회로가 만들어질 때 형태를 잡거나 다듬는 데 결정적인 역할을 한다(3장 참조). 시냅스 가지치기는 성인의 뇌에서도 폭넓게 일어나고 장기강화나 시냅스 형성과 같이 기억과 학습에도 필수적인 것으로 여겨진다.

따라서 학습, 기억, 그리고 그 밖의 경험들은 각각의 속성에 따라 뇌의 특정 지역에 확산된 신경세포망 전체에서 시냅스를 변형하는 것 같다. 시냅스 변형은 뇌의 도처에서 지속적으로 일어난다. 그리고 인간의 뇌에서 어떤 방식으로든 매초 수백만 개의 시냅스가 수정되는 것으로 보인다. 현재의 뇌 영상 기법으로는 가지돌기나무 하나에서 여러 개의 가지돌기가지 이상을 볼 수 없지만, 앞으로 고해상도 현미경이 개발되면 가지돌기가시의 역학 관계와 그것이 장기기억에 기여하는 바에 관해 더 많은 것이 밝혀질 것이다.

신경아교세포: 가소성의 파트너

신경아교세포glia, 아교세포, 교세포는 신경계에 존재하는 비신경세포로 신경세포인 뉴런에 비해 그 수가 10배나 많다. 신경세포와 비슷한 시기에 발견되었지만, 신경세포에 양분을 제공하거나 신경섬유를 절연하는 등 신경세포를 지지하는 역할만 한다고 여겨졌다. 영어로 아교세포를 뜻하는 '글리아'라는 말도 '풀' 또는 '아교'라는 뜻이다. 물론 방금 언급한 역할을 수행하는 것은 사실이지만, 이제 우리는 아교세포가 뇌와 척수의 정보 처리 과정에 결정적인 역할을 하고 또한 매우 중요하다는 사실을 알고 있다.

과거에는 시냅스가 시냅스전의 시냅스단추와 시냅스후의 시냅스후막, 이렇게 두 가지 요소로 구성되었다고 생각했다. 그러나 1990년대 초반에 시냅스가 세 개의 구조로 이루어져 있고, 아교세포의 하나인 **별아교세포**astrocyte, 성상세포가 신경세포 간에 전달되는 화학 신호를 조절한다는 증거가 나타나기 시작했다.

별아교세포는 별 모양의 세포로 처음에는 뇌세포 조직의 바깥 공간을 채운다고 알려졌으나 이제는 신경 활동에 반응할 뿐 아니라 직접 전기 신호를 생성하고 글루타메이트와 GABA를 비롯한 여러 신경전달물질을 합성하고 방출한다는 것이 명확해졌다.

별아교세포는 단연코 뇌에서 그 수가 가장 많은 세포이다. 각

세포는 미세한 가지가 수없이 갈라지며 수백 개의 가지돌기 및 최대 15만 개의 개별 시냅스에 접촉한다. 이 과정은 운동성이 대단히 높아서, 가지들은 활동적인 시냅스를 향해 빠르게 확장하고 그것을 뒤덮는다. 뇌세포 조직을 전자현미경으로 조사했더니 뇌조직 섬유가 신경 활성에 반응해 큰 가지돌기가시와 교류하는데, 이 섬유들은 작은 가시와 연결된 것보다 운동성이 덜했다.

큰 가지돌기가시가 작은 것들보다 훨씬 오래 지속되는 경향이 있는 것으로 보아 별아교세포는 활성화된 시냅스를 가진 가시의 안정화에 이바지한다고 추정된다. 또한 별아교세포가 시냅스를 걸어 잠가 신경전달물질의 확산을 제어하거나 느슨하게 풀어 신경전달물질이 자유롭게 흐르게 함으로써 시냅스 신호 전달을 조절한다는 증거도 있다.

별아교세포는 서로 간에 그리고 이웃하는 뉴런과 조직망을 형성한다. 신경 전달은 밀리세컨드 수준에서 일어나는 반면, 별아교세포의 활성은 수 초간 지속된다. 별아교세포가 글루타메이트를 방출하면 뉴런 집단 전체가 흥분하므로, 별아교세포의 활성을 지속시키는 것은 전체 뉴런 군집을 동시에 활성화하는 방법이 될 것이다. 또한 별아교세포의 활성 상태가 연장되면 유입되는 신호와 발을 맞추기 위해 지속적으로 시냅스후막을 자극함으로써 장기강화를 일으킬 가능성이 있다.[20]

신경아교세포의 또 다른 형태인 미세아교세포 역시 시냅스가 소성에 중요한 역할을 한다. 미세아교세포는 뇌에 상주하는 일종의 면역세포로 감염과 상처에 대해 일차적인 방어선을 제공한다. 이들은 피해를 입은 장소에 배치된 후 병원균과 세포 찌꺼기를 집어삼키는데, 이 과정을 대식大食 작용 또는 식세포食細胞 활동이라고 부른다.

사실 발달 중인 뇌는 원치 않는 시냅스 연결을 위와 정확히 똑같은 방식으로 처리한다. 필요 없는 시냅스 연결에 보체단백질補體蛋白質, complement protein이라는 면역계 분자를 달아 파괴 대상임을 '표시'하면, 미세아교세포가 이 표지를 "나 잡아잡슈"라는 신호로 인식해 딱지가 붙은 시냅스를 만날 때마다 먹어 치운다. 현재 미세아교세포는 발달 중인 뇌 전반에 걸쳐 시냅스 가지치기뿐 아니라 청소년기에 일어나는 광범위한 가지치기에도 역할을 한다고 여겨진다(3장과 9장 참조).

시냅스는 성인의 뇌에서도 끊임없이 제거된다. 여기에도 미세아교세포가 관여하는 것 같다. 미세아교세포는 책임을 맡은 뇌조직 구역을 계속 순찰하면서 길이가 짧은 가지돌기가시와 먼저 접촉한다. 이 가시는 대개 새로 형성된 가시 중에서도 가장 짧은 시간 지속한다. 이와 같이 미세아교세포는 담당 구역의 시냅스 상태를 감시하면서 원치 않는 시냅스를 잡아먹는 것으로 보인다.[21]

성인의 신경 발생

신경계의 미세 구조는 19세기 전반에 걸쳐 열띤 논쟁 주제였다. 1830년대 말, 독일 과학자 테오도어 슈반과 마티아스 슐라이덴은 현미경으로 동물과 식물의 세포조직을 관찰한 후 세포가 모든 생물체의 기본 구성단위라고 주장했고 이러한 관점은 세포 이론으로 불리게 되었다. 그러나 당시의 현미경은 크기 20~40나노미터인 시냅스를 확대할 만큼 해상도가 높지는 않았으므로 세포 이론을 신경계에 적용할 것인지에 대해서는 명확한 결론을 내릴 수 없었다.

이에 과학자들은 두 파로 나뉘었다. 어떤 이들은 뇌와 척수가 연속적인 세포 조직망인 그물조직으로 구성되어 있다고 믿었고, 다른 이들은 신경계 역시 생물의 다른 모든 부분처럼 세포로 이루어져 있어야 한다고 주장했다. 현미경 성능이 개선되고 시료를 염색 및 가시화하는 기법이 발달하면서 과학자들은 신경세포 조직을 자세히 들여다볼 수 있게 되었고 20세기에 들어서면서 마침내 오랜 논쟁이 끝났다.[1]

과학자들은 주로 카할의 연구 덕분에 소위 뉴런주의neuron doctrine를 받아들였다. 뉴런주의는 뉴런이라는 특수한 세포가 뇌와 척수의 구조적·기능적 단위라고 주장한다. 카할을 비롯한 과학자들은 인간과 동물의 신경계가 발생하는 과정, 그리고 신경계가 발달하면서 뉴런이 거치는 다양한 단계, 즉 세포 분열에 의해 새로 생성된 딸세포들이 제자리를 찾아 이동한 다음 신경섬유를 키우고 확장해 마침내 뉴런 간의 정확한 시냅스 연결이 형성되는 과정을 기술했다. 이들은 성인의 뇌에서 미성숙한 뉴런을 보지 못했으므로 뇌의 구조는 출생 직후에 완전히 고정된다는 결론을 내렸다.

1913년에 출판한 《신경계의 퇴행성 변화 및 재생》에서 카할은 성인의 뇌와 척수에서 신경 경로는 "고정되어 더는 변경할 수 없는 막다른 길"이라고 서술했다. 이 결론은 널리 받아들여졌고 오래지 않아 포유류 성체의 뇌는 새로운 세포를 만들지 않는다는 개념이 근대 신경과학의 중심 원리가 되었다. 대부분의 과학자들은 신경계가 발달하면서 엄청난 양의 뉴런과 아교세포가 생성되지만 이 과정은 출생 직후 완료된다는 데 동의했다. 따라서 사람은 평생 사용할 뇌세포를 모두 가지고 태어나며, 사고나 질병으로 잃어버리더라도 결코 대체할 수 없다는 생각이 자연스럽게 이어졌다.

1960년대 초기에 삼중수소 티미딘 오토라디오그래피가 도입되면서 이에 맞서는 증거가 나오기 시작했지만 이 도그마는 20세기 상당 기간 지속되었다. 이 기술은 동물의 몸에 방사성 티미딘을 주입한 다음 뇌를 절개해 엑스선을 쪼여 방사능을 감지하는 방식인데, 체내에 들어간 티미딘은 세포에 흡수된 다음 새로 만들어진 세포가 DNA를 합성할 때 쓰이므로 뇌에서 새로운 세포가 형성되었는지 확인할 수 있다.[2]

매사추세츠 공과대학의 조셉 알트만Joseph Altman과 고팔 다스Gopal Das는 오토라디오그래피를 이용해 다양한 동물종을 조사했고 곧 들쥐의 치아이랑, 후신경구, 대뇌겉질, 그리고 고양이의 대뇌겉질에서 새로운 뇌세포가 생장한다는 증거를 발표했다.[3] 1980년대 초반에 여러 과학자들이 이들의 실험을 반복하여 검증했지만 과학계는 회의적인 태도로 맞섰고 대개는 무시되었다.[4, 5]

곧 노래하는 새의 뇌에서 더 많은 증거가 나왔다. 완전히 자란 카나리아 수컷은 미래의 짝에게 세레나데를 불러주기 위해 매년 새로운 노래를 배운다. 노래의 학습과 생산은 뇌에 있는 두 개의 신경핵(뉴런이 모여 밀집된 곳-옮긴이)에 의해 조절된다. 록펠러대학의 페르난도 노테봄Fernando Nottebohm이 수행한 일런의 실험에 따르면 신경핵의 크기는 계절에 따라 달라지며 가을보다 봄에 훨씬 크다.

노테봄은 노래를 만드는 신경핵에서 뉴런과 시냅스의 수가 증가했다가 감소하기 때문에 이러한 변화가 일어난다고 추측했다. 짝짓기 철이 끝나면 많은 뉴런이 죽어 나가면서 핵이 수축한다. 그러나 봄에는 새로운 뉴런 생산으로 신경핵이 재생되므로 새들은 또다시 노래를 배울 수 있다. 노테봄은 뇌와 행동 사이의 직접적이고 명확한 연결 고리를 발견했을 뿐 아니라 "성년기에도 뉴런이 만들어지고 또 기존의 회로에 통합된다는 합리적인 의심 이상을 보여주었다."[6,7]

일련의 발견과 진전으로 마침내 포유류의 뇌가 스스로 재생하는 능력이 없다는 오랜 통념이 무너졌다. 1980년대 말, 프린스턴대학의 엘리자베스 굴드Elizabeth Gould와 동료들은 성체 쥐의 해마에서 갓 만들어진 뉴런의 증거를 찾았고 얼마 뒤에는 마카크원숭이의 해마와 대뇌겉질에서도 찾았다. 진화적으로 원숭이는 쥐보다 인간에 더 가까우므로 이런 결과는 인간의 뇌가 삶 전반에 걸쳐 지속적으로 새로운 세포를 형성할 수도 있으리라는 희망을 불러왔다.[8]

특정한 세포 단백질에 결합하는 항체를 형광물질로 표지하는 기술이 개발되면서 과학자들은 세포조직 시료에서 뉴런과 아교세포를 구분할 수 있게 되었다. 1992년 캐나다 앨버타 캘거리

대학에서 두 명의 과학자가 이런 식으로 성체 쥐의 뇌에서 신경줄기세포를 찾아 분리했다.[9] 보통 신경줄기세포를 '만능'이라고 표현한다. 왜냐하면 분화되지 않은 배아 상태로 있으면서 뇌에 존재하는 어떤 종류의 세포로도 만들어질 수 있기 때문이다. 그러나 줄기세포는 비대칭적으로 분열하기 때문에 한편으로는 새로운 뉴런과 아교세포로 분화하면서 동시에 무한히 자기 복제할 수 있다.

후속 연구에 따르면 성체 생쥐와 들쥐의 뇌에는 분리된 두 개의 신경줄기세포 군집이 있다. 발생 초기에 신경계는 배아의 등을 따라 흐르는 관으로 구성되고 이 신경관 안쪽으로 줄기세포가 채워져 있다가 분열하면서, 관을 관통해서 이동하는 미성숙한 뉴런을 생산한다. 신경관 앞쪽 끝에서는 이동 중인 세포가 연속적인 파도 형태로 서로를 떠밀며 안에서 바깥쪽으로 대뇌겉질 층을 형성한다. 뒤쪽으로는 더 작은 세포들이 바깥쪽으로 이동하면서 척수를 형성한다.

성체에서 신경줄기세포는 가쪽뇌실(측뇌실) 벽 안쪽에 두 개로 분리된 지역에 제한된다. 하나는 뇌실밑구역subventricular zone,뇌실하대인데, 부리쪽 이동 줄기rostral migratory stream, RMS를 통과해 후각망울(후신경구) 끝까지 이동하는 세포를 생성하며, 다른 하나는 해마의 치아이랑으로 여기서 만들어지는 새로운 세포는 생성된 장소 가까이 머물면서 과립뉴런으로 분화한다.[10]

이 두 곳에서 형성된 뉴런은 뇌 기능과 행동에 대단히 중요한 일을 하는 것으로 보인다. 과학자들은 새로 만들어진 세포 또는 특정 연령에 있는 세포를 골라서 제거하는 유전공학 기술을 사용해 후각망울에 새로운 뉴런이 추가되는 것은 새로운 냄새를 기억하는 데 필수적이며, 반면 해마에 추가된 새 뉴런은 공간 기억, 사물 인식, 패턴 분리(뇌가 유사한 신경 활동의 차이를 구분하는 과정)에 기여한다고 밝혔다.[11]

어떤 환경적 요인은 이 과정을 조절해 새로운 뉴런이 생산되는 속도에 상당한 영향을 미친다. 예를 들어 신체 활동, 풍요로운 환경, 학습 과제는 신경줄기세포의 증식을 향상시키고 때로는 새로운 뉴런의 생존까지 촉진한다. 반면 스트레스나 특정 종류의 염증, 감각 박탈은 반대 효과를 낳는다.[12]

또 다른 비약적인 발전은 1998년, 인간의 뇌 역시 평생 새로운 세포를 형성한다는 최초의 증거를 제공한 기념비적 논문에

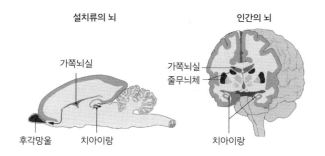

그림 4 설치류와 인간 뇌에서 신경이 생성되는 지역.

서 왔다. 작고한 피터 에릭슨Peter Eriksson과 그의 연구팀은 의사들이 종양의 성장을 시각화하고 감시하기 위해 암 환자에게 브로모데옥시우리딘BrdU을 주입한다는 사실을 알게 되었다. 브로모데옥시우리딘은 삼중수소 티미딘처럼 DNA에 있는 4개의 염기 중 하나와 유사한 물질로 새로운 뉴런이 합성될 때 DNA의 재료로 쓰인다. 에릭슨 연구팀은 브로모데옥시우리딘을 주입한 환자 5명이 사망한 후 뇌를 조사했다. 연구팀은 해마의 세포조직 시료를 취한 다음, 브로모데옥시우리딘에 결합하는 항체와 뉴런에 의해 발현되는(그러나 아교세포에 의해서는 아닌) 단백질에 결합하는 항체에 서로 다른 형광 표지를 달았는데, 5개 시료에서 모두 새로 만들어진 뉴런을 발견했다.[13]

마침내 인간의 뇌에서도 신경줄기세포가 분리되었다. 설치류에서 뇌실밑구역과 치아이랑에 존재하는 신경줄기세포 집단은 평생 새로운 세포를 지속적으로 생산하지만, 뉴런이 생산되는 속도는 시간이 지나면서 감소한다. 같은 패턴이 인간의 해마에서도 관찰되었다.[14]

그러나 중요한 차이점이 있다. 부리쪽 이동 줄기가 인간의 뇌에서도 발견되고 심지어 이마겉질을 향해 가지를 뻗은 고유의 '띠'까지 있지만, 이 경로는 아동기 초기까지만 작동한다. 이동은 약 18개월까지 광범위하게 일어나다가 아이들이 크면서 잦아들고 성인이 되면 거의 사라진다. 이런 특성은 포유류 중에서

도 특이한 것으로 보인다.[15,16]

이와 대조적으로 2013년에 발표된 연구에서 스웨덴 과학자들은 인간의 해마가 하루에 약 700개의 세포를 새로 만들어내고 — 이는 전체의 약 1.75퍼센트에 달하는 세포들이 해마다 이곳에서 순환된다는 뜻이다 — 생성 속도는 나이가 들어도 그저 약간 감소할 뿐이라고 보았다.[17] 더 최근에는 같은 연구팀이 인간을 대상으로 운동 제어, 보상, 동기와 관련된 겉질하부 구조인 줄무늬체에서 찾은 성인 신경 발생의 증거를 발표했다. 이 신경세포들은 뇌실밑구역에서 기원한 것으로 보이며 사이뉴런을 형성하는데, 사이뉴런 섬유는 인접 지역에 제한적으로 존재하며 신경 회로 기능에 매우 중요한 억제성 신호를 전달한다.[18]

성체 인간의 뇌에서 일어나는 신경 발생이 조류나 설치류에서처럼 어떤 목적 달성에 기여하는가 하는 문제는 대단히 중요하다. 인간 해마에서 일어나는 성체 신경 발생의 수준은 설치류에 필적한다. 그래서 새로운 뉴런이 뇌 기능에 기여하고 있을 가능성은 분명히 있지만, 아직 이에 대한 직접적인 증거는 없다.

성체 쥐에서 플루옥세틴(프로작) 및 유사한 항우울제는 해마에서 신경 발생을 자극한다. 이 발견으로 일부 과학자들은 신경 발생이 우울증의 발병과 치료에 결정적인 역할을 할지도 모른다고 생각하게 되었다. 그러나 동물을 대상으로 성체 신경 발생을 완전히 억제했더니 서로 상충하는 결과가 나왔다. 어떤 실험에서는 동물들이 고조된 스트레스 반응과 증가된 우울증 유사 행동을 보였지만, 그렇지 않은 경우도 있었다.

인간의 우울증은 실제로 해마의 부피 감소와 연관이 있다. 그러나 신경 발생 과정에 문제가 생겨서 부피가 감소하는 것인지는 확실하지 않다. 신경 발생 장애는 이 복잡한 질환을 일으키는 여러 요인 가운데 하나일 수도 있고, 어떤 이들에게는 남들보다 더 심각할지도 모른다. 마찬가지로, 줄무늬체에 새 뉴런이 계속 추가된다는 것을 보여준 연구에서 과학자들은 파킨슨병 환자에게서는 어른이 된 후 새로 만들어진 세포를 거의 찾을 수 없었지만, 그렇게 된 과정이 신경 발생 장애와 연관이 있는지, 또 그렇다면 어떻게 그런지는 아직 불분명하다.[19, 20] 성체의 신경 발생에는 다른 부정적인 측면도 있다. 암은 세포가 걷잡을 수 없이 분열하고 신체의 다른 부위로 전이되면서 발생하는 질환이다. 따라서 성인의 뇌에 있는 신경줄기세포가 뇌에 종양을 만들어낼 가능성이 있다.[21]

회의론자들은 기능적인 중요성을 지니기에는 성인의 뇌에서 생산되는 세포의 수가 너무 적다고 말한다. 또한 새로운 세포가 추가되면서 기존 신경 회로의 안정성이 무너질 가능성 때문에 성체의 신경 발생은 진화적 선조들이 남긴 유물 이상이 아니라고 주장한다.

가장 노골적인 회의론자는 예일대의 발달신경생물학자 파스

코 라킥Pasko Rakic이다. 1970년대 초 라킥은 영향력 있는 연구를 수행하며 미성숙한 뉴런이 발달 중인 원숭이의 뇌에서 어떻게 이동하는지를 밝혔고 그 이후로도 원숭이를 대상으로 연구를 계속했다. 라킥은 원숭이의 대뇌겉질에서 성체 신경 발생의 증거를 찾는 데 계속해서 실패했고 갓 생성된 세포를 추적하는데 쓰이는 표지법에 비판적이다.

원숭이 연구 결과 라킥은 성체의 뇌에 추가된 뉴런이 완전히 발달하기까지 약 1년이 걸린다고 추정했다. 라킥은 이 결과를 토대로 프로작 또는 기타 비슷한 종류의 약물이 우울증에 효과가 있는 이유는 신경 발생을 자극하기 때문은 아니라고 말했다. 왜냐하면 약물의 효과는 불과 6주 정도면 나타나기 때문이다. 그러나 어떤 이들은 성체의 뇌에서 새로 만들어진 뉴런이 시냅스가소성을 향상시킨다는 몇몇 증거를 근거로, 1년이라는 미성숙기 덕분에 새로 태어난 뉴런이 뇌 기능 향상에 더 크게 이바지할 수 있다고 주장한다.[22]

논란에도 불구하고 성인 뇌에서의 신경 발생과 신경줄기세포의 발견은 곧 줄기세포에 기반해 신경 손상 및 신경 질환을 치료할 수 있으리라는 희망을 불러왔고, 또한 치료법 개발에서 가능성이 있는 두 가지 접근 방식을 제시했다. 우리는 신경줄기세포가 뇌 손상에 반응해 빠르게 분열할 수 있다는 것을 안다. 그렇다면 미래에는 뇌에 내생하는 줄기세포를 구슬려 손상 지역에서 새로운 세포를 생산해, 망가지거나 죽은 세포를 대체하게 하는 자가치료 메커니즘의 가능성을 생각해볼 수 있다. 다른 대안은 줄기세포를 뇌로 이식해 손상 부위를 목표로 삼도록 하는 것이다.

우리가 신경줄기세포 생물학을 완전히 이해하기까지는 아직 멀었고, 과학자들이 치료법을 개발하는 데에도 기술적으로 큰 어려움이 있다. 어떤 종류의 줄기세포가 이식에 적합한가? 부상이나 질병 유형에 따라 적합한 줄기세포의 종류가 다른가? 이식할 때 최적의 세포 수는 얼마인가? 어떻게 하면 이식된 세포가 오래 살아남아 조직에 통합되고 신경 기능을 회복하게 도울 수 있을까?

이런 어려움 때문에 줄기세포에 기반하여 이루어지는 신경 질환 및 손상 치료는 아직 그 잠재력을 다 발휘할 수 없다. 그리고 사실 지금까지 시행된 모든 임상시험이 실패로 돌아갔다.[23] 그럼에도 불구하고 대중이 희망적인 가능성을 인지하게 되면서 부도덕한 장사꾼들이 절실한 환자에게 승인되지 않은 (그리고 아마도 위험성이 높은) 치료제를 판매하게 되었고, 관련 규제가 엄격하지 않은 국가에서는 줄기세포 투어가 급증하게 되었다.

뇌 훈련

'뇌 훈련'이라는 용어는 대개 주의력이나 작업기억과 같은 정신 기능을 향상하기 위해 고안된 컴퓨터 게임에서 사용된다. 이러한 게임들은 신체 활동이 건강 유지에 도움이 되는 것과 같은 방식으로 뇌를 훈련시켜 이러한 기능 및 전반적인 뇌 건강을 증진한다고 알려져 있다.

오늘날 뇌 훈련은 수백만 달러짜리 산업이고 컴퓨터 게임, 장치, 스마트폰 앱을 파는 회사만도 수십 개가 넘는다. 이들이 판매하는 제품 중 다수는 중년층과 노년층을 대상으로 하며, 전반적인 뇌 건강을 향상하고 심지어 알츠하이머 및 기타 형태의 치매가 발병할 위험을 낮춰준다고 주장한다. 그러나 현재까지는 뇌 훈련이 심리학자들이 말하는 전이효과로 이어진다는 증거는 별로 없다. 게임을 잘 수행하는 데 필요한 능력은 향상될지 모

르지만, 게임과 무관한 인지 기능의 향상으로까지 이어지는지는 불분명하다.[1]

2014년 10월, 저명한 연구진들이 대거 모여 이 주제로 다음과 같은 성명을 발표했다. "아직 설득력 있는 과학적 증거가 없는 상황에서 뇌 게임이 소비자들에게 인지력 감퇴를 막는 과학적인 방법을 제공한다고 주장하는 것에 반대합니다. 소위 마법의 해결책이라는 약속은 노년의 건강한 인지력이 건강하고 부지런한 생활방식에서 오는 장기적인 효과를 반영한 것이라는 지금까지 밝혀진 최고의 증거를 훼손합니다. 과장되고 오해의 소지가 있는 주장들은 인지력 감퇴를 예상하는 중장년층의 불안감을 이용한다고 판단합니다. 우리는 이 분야에서 신중한 연구와 검증이 지속적으로 이루어지길 촉구합니다."[2] 약 1년 뒤에 샌프란시스코에 기반을 둔 뇌 훈련 회사인 루모시티는 근거 없이 자사 제품의 이점을 광고하여 소비자를 기만했다는 이유로 미국 연방거래위원회로부터 200만 달러의 벌금을 부과받았다.[3]

그러나 지금까지 본 것처럼 뇌는 경험의 영향을 받으며 꾸준히 형태를 갖춰나간다. 그리고 이제는 여타의 훈련이 뇌에 큰 영향을 미친다는 증거가 많이 있다. 동물 연구는 훈련을 통해 유도된 가소성의 근간이 되는 세포 메커니즘에 대해 중요한 정보를 제공했다. 예를 들어 생쥐가 시간을 정밀하게 파악하는 훈련을 받으면 청각뉴런의 주파수 대역폭 민감도가 확장된다. 반면 올

빼미원숭이에게 촉각 변별 과제를 훈련시키면 촉각 정보를 처리하는 일차 몸감각겉질에서 뉴런의 수용영역이 수축한다.

동물 실험으로도 영속적인 변화를 연구하기는 힘들다. 그리고 비교적 최근까지 인간에서도 마찬가지였다. 그러나 지난 20년간 뇌 영상 기술이 확산되면서 이 방식을 사용하여 장기적인 훈련에 따른 신경 변화를 연구한 사례가 늘고 있다. 뇌 영상 기술을 자유롭게 사용하게 되면서 과학자들은 제2언어(사람이 처음 습득한 언어인 모어가 아닌 말 – 옮긴이) 학습이 뇌의 다양한 해부학적 변화와 연결된다는 사실을 보였다. 마찬가지로 어떤 사람들은 제2언어가 아니더라도 다른 종류의 지식, 기술, 전문성을 습득하면서 수십 년을 보낸다. 이처럼 철저하고 장기적인 훈련은 뇌의 구조와 기능의 장기적인 변화로 이어진다. 그러므로 프로 운동선수, 음악가 등은 경험에 바탕을 둔 신경가소성 연구에 매력적인 천연 실험실이다.[4]

언어 학습

2004년에 이루어진 선구적인 연구에서는 유럽인을 대상으로 뇌 영상 기술 중 하나인 복셀 기반의 형태 계측법을 사용해 2개 국어를 사용하는 사람들과 단일어를 사용하는 사람들의 뇌를 비교했다. 그 결과, 2개 국어의 사용이 왼쪽 아래마루소엽에서 회색질의 밀도 증가와 상관관계를 보였다. 이곳은 음운작업기억 (또는 언어의 소리 기억), 어휘 학습, 그리고 다양한 출처에서 오는 정보의 통합 등 여러 중요한 언어 기능과 관련된 구역이므로 이곳의 부피 증가는 다른 언어의 어휘를 습득한 결과라고 볼 수 있다.

또한 제2언어를 늦게 배운 사람보다 일찍 배운 사람에게서 효과가 더 크게 나타났는데, 만 5세 이전에 제2언어로 유럽어를 배우기 시작한 참가자가 더 큰 부피 증가를 보였다. 또한 변화한 정도는 개인의 언어 습득 능력과도 관련이 있어서 다른 언어를 더 쉽게 배우는 사람들은 어렵게 느끼는 사람들보다 회색질의 부피가 더 크게 증가했다.[5]

후속 연구들이 이러한 초기 발견을 검증했고 또한 제2언어 학습이 뇌의 언어 영역 겉질 두께는 물론이고 이들을 서로 연결하는 백색질 신경로 구조 변경에 이르는 여타의 해부학적 변화와도 관련이 있음을 증명했다. 심지어 단기적인 언어 훈련조차 뇌 구조에 변화를 가져온다. 3개월짜리 집중 언어 강좌에 등록한 대학생과 군 통역사를 대조군과 비교했을 때에도 뇌에 차이가 났다.

언어 학습과 연관된 해부학적 변화는 원상태로 되돌아갈 수 있는 것으로 보인다. 어느 뇌 촬영 연구에서 모어가 일본어인 성인이 6주짜리 영어 강좌를 들었을 때 뇌를 조사했더니 뇌의 일부 지역에서 회색질 밀도가 증가했다. 그러나 1년 뒤에 다시 촬영했을 때, 언어 훈련을 계속한 사람들은 회색질이 훨씬 증가했지만, 훈련을 멈춘 사람들은 해당 영역의 회색질 밀도가 훈련 이전 수준으로 돌아갔다.[6]

상업적으로 판매하는 뇌 훈련 상품들과 달리 언어 학습은 확실한 전이효과를 나타내며 평생 2개 국어를 사용하는 것에 이점이 있다는 증거가 나오고 있다. 2개 국어를 사용할 때는 추론, 과제 전환, 문제 해결과 같은 소위 실행 기능을 훈련하는 여러 과제 중에서도 두 언어 사이의 전환 및 올바른 어휘 선택이 필요하다. 더 나아가 제2언어를 학습하는 것은 명백히 신경 보호 효과도 있다. 이는 '인지 저장고'(뇌 손상에 맞서는 정신적 방어를 뜻하는 다소 모호한 용어)를 늘림으로써 노년에 알츠하이머 및 기타 신경 퇴행성 질병의 위험을 감소시킬 수 있다.[7]

음악 및 운동 훈련

초기 뇌 영상 연구에 따르면 장기 훈련은 회색질과 백색질 모두를 변화시킨다. 7세 이전에 음악 훈련을 시작한 클래식 음악가들은 나중에 시작하거나 음악을 배우지 않은 대조군에 비해 뇌들보(뇌량)가 더 크다. 이 거대한 신경섬유 다발은 양 뇌를 가로질러 연결하며 팔다리 활동을 조정한다.[8] 전문 바이올린 연주가에게 필요한 기술은 일차 몸감각겉질에서 손가락을 담당하는 부위의 재조직화와 연관된다. 몸감각겉질에서 왼쪽 손가락 부위는 건강한 비음악가 대조군보다 음악가들에게서 더 크고 그 차이는 어려서 훈련을 시작한 사람들에게 더욱 확연하다. 현악기 연주자들이 활을 쥐는 오른손의 경우는 겉질대응부에 변화가 없었다.[9]

좀 더 최근 연구에서도 비슷한 현상이 발견되었다. 복셀 기반의 형태 계측법이라는 뇌 영상 기술을 이용해 전문적인 건반 연주자들을 아마추어 음악가나 비음악가 대조군과 비교했더니 전문 음악가의 운동, 청각, 공간시각적 뇌 구역에서 회색질의 부피가 더 컸고, 변화의 정도는 음악가로서 보낸 시간과 상관관계가 있었다.[10]

확산텐서영상DTI 연구에 따르면 피아노 연습이 뇌의 백색질 신경로를 바꾸었고 효과의 정도는 연습을 시작한 나이에 따라 달랐다. 변화는 뇌들보, 그리고 감각겉질 및 운동겉질에서 유래한 섬유에서 나타났고, 7세 이전에 훈련을 시작한 전문 콘서트 피아니스트에게서 가장 확연했다.[11] 이와 비슷하게 공수도(가라테) 검은띠 보유자는 초심자나 대조군보다 운동겉질과 소뇌의 백색질 신경로가 훨씬 컸는데, 이는 뛰어난 운동 협응력을 주고

주먹과 발차기에 더 많은 힘을 실을 수 있게 한다.[12]

이러한 연구는 대체로 소규모 전문가 집단을 모집한 다음 특정 시점에 뇌의 구조와 기능을 아마추어 또는 신참자와 비교하는 방식으로 이루어진다. 이처럼 횡단적인 실험으로는 관찰된 차이가 학습의 결과인지 혹은 날 때부터 존재한 신체구조 또는 유전적 차이가 반영된 것인지 명확히 결론 내릴 수 없다. 어떤 이들은 다른 사람들보다 특정 기술이나 전문 지식을 더 쉽게 습득하는 뇌를 갖고 태어났을 수도 있기 때문이다. 이러한 경우를 구분하려면 수개월 또는 수년 동안 반복적으로 뇌를 촬영하는 종단 연구가 필요하다.

지금까지 이루어진 소수의 종단적 MRI 연구에 따르면 적어도 학습이 어느 정도는 차이를 만들어낸다. 예를 들어 수개월에 걸쳐 저글링을 배운 경우 뒤통수관자겉질(후두측두피질)에서 회색질의 밀도가 증가했는데 이곳은 운동 민감성 뉴런이 포함된 구역이다.[13] 또한 지각과 운동 정보를 통합하고 팔과 안구 운동을 제어 및 조정하는 데 매우 중요한 마루엽속고랑(두정엽내구)의 아래쪽 백색질 신경로가 확장했다.[14]

지식

지난 15년 동안 런던 택시기사를 대상으로 한 연구에서 정신 훈련이 실제로 뇌에 해부학적 변화를 유도한다는 많은 증거가 나왔다. 런던 택시기사 자격증을 취득하려면 훈련생들은 차링 크로스 역을 중심으로 약 10킬로미터 반경에 있는 2만 6000개 거리의 미로 같은 도로 배치와 수천 개의 랜드마크의 위치는 물론이고 도시의 한 지점에서 다른 지점으로 가는 가장 빠른 길을 익히기 위해 수년에 걸쳐 종합적인 기억 훈련을 받아야 한다.

미래의 택시기사들은 런던 거리에 대한 '지식'을 습득하기 위해 대개 3~4년 동안 지도를 공부하고 운전 연습을 한다. 동시에 각 구역에 대한 공간 학습을 테스트하기 위해 설계된 엄격한 시험을 치러야 하는데, 다음 단계로 넘어갈 수 있는 기회는 단 몇 회로 제한된다. 이 모든 시험을 성공적으로 마친 후에야 이들은 런던의 그 유명한 블랙택시를 운전할 수 있는 자격을 갖게 된다. 훈련을 시작한 사람의 약 절반이 시험에 떨어지거나 중간에 포기한다.

2000년에 유니버시티 칼리지 런던의 과학자들은 런던 택시기사의 해마 뒷부분 회색질 밀도가 대조군보다 훨씬 높다는 연구 결과를 발표했다. 이 지역은 공간 탐색과 관련 있다고 알려져 있었는데, 그 연구에서도 해마 뒷부분의 크기는 택시기사로

지낸 시간과 밀접한 상관관계가 있어서 경험이 많은 기사일수록 크기가 더 컸다.[15]

그 연구 역시 횡단적 조사였으므로 연구자들은 관찰 결과가 해부학적 차이에서 비롯한 것이라는 가정을 배제할 수 없었다. 따라서 다음과 같은 후속 연구를 통해 그 변화가 실제로 장기적이고 엄격한 훈련 때문이라는 것을 확인했다. 후속 연구에서는 런던 버스 기사들의 뇌를 촬영했는데, 버스 기사 역시 런던 거리를 활보하지만 훨씬 단순하고 예정된 경로를 따라 운전한다. 조사 결과 이들 해마에서의 회색질 밀도는 대조군과 크게 다르지 않았다.

다음으로 연구자들은 훈련 기간에 여러 차례 택시기사들의 뇌를 촬영하는 종단 연구를 실시했다. 이 연구에 등록된 79명의 훈련생 중에서 39명이 최종적으로 기사 자격을 획득했고 20명은 중간에 탈락했지만 이들은 이후에도 촬영에 협조했다. 자격증을 받은 사람들은 회색질 밀도가 증가했지만, 실패한 사람들의 해마는 대조군과 큰 차이가 없었다.[16]

이 결과들을 합치면 특정 '지식'을 성공적으로 완성하기 위해 필요한 종합적인 기억 훈련이 뇌의 해부 구조에 특정한 변화를 유도한다는 사실이 드러난다. 역도 훈련이 근육 세포조직을 확장시키는 것처럼 정신적 훈련이 뇌의 해당 부분을 확장한다. 그러나 여기에도 대가는 따른다. 자격을 취득한 런던 택시기사들은 다른 이들에 비해 새로운 시각 공간 정보를 습득하는 데 어려움을 겪었다. 그리고 어떤 연구자들은 내비게이션 사용이 늘어나면서 해마가 점차 퇴보하지 않을까 생각한다.

이처럼 뇌는 사용자의 필요에 적응하는 대단히 역동적인 기관이다. 집중적인 훈련은 해당 기능을 좀 더 효율적으로 수행할 수 있도록 뇌를 바꾼다. 음악 및 운동 훈련은 필요한 동작의 복잡한 순서 실행을 향상하고, 해당 지식을 습득하는 훈련생들은 방대한 양의 공간 정보를 조직하고 효과적으로 쓰는 법을 배운다. 이런 방식으로 훈련은 주어진 과제를 수행하는 데 관여하는 뇌 영역과 신경 경로를 최적화한다. 그 결과 개인의 수행 능력이 향상되고 마침내 노력하지 않아도 자동으로 과제를 수행하게 된다.

현 데이터에 따르면 한 영역에서 전문성을 획득하기 위해서는 적어도 매일 4시간씩 약 10년의 훈련이 필요하다. 놀랍게도 머릿속에서 동작을 그려보는 운동 연상으로도 특정 기술의 학습과 실행을 향상시킬 수 있다는 설득력 있는 증거가 있다. 이렇게 상상으로 동작을 그려보는 것도 실제로 실행하는 것과 동일한 효과를 주며, 그저 머릿속에서 동작을 수행하는 것만으로도 뇌에서 같은 종류의 가소적 변화를 이끌어낼 수 있다.[17]

쥐와 인간의 정신 훈련

뇌 영상 연구는 장기적인 집중 훈련이 어떻게 뇌를 변화시키는지에 관해 풍부한 정보를 제공해왔다. 그러나 관찰된 변화를 일으키는 분자나 세포 수준의 메커니즘에 대해서는 아무것도 알려주지 못했다. 설치류 실험은 운동 과제에 대한 엄격한 훈련이, 새로운 가지돌기가시·축삭 가지의 발아 및 가지치기와 같이 다양한 세포 효과를 낸다는 것을 보였다. 그러나 사람에게서 이런 과정을 관찰하기는 불가능하다. 현재의 뇌 영상 기술은 해상도가 낮고, 설치류에 사용된 실험 기술을 인간의 뇌에 적용할 수 없기 때문이다.

회색질의 밀도 및 부피 증가는 성인의 신경 발생으로 설명이 가능하다. 이는 런던 택시기사의 사례에서 특히 흥미로운데, 현재는 해마가 일생 동안 새로운 뉴런을 생산한다고 알려진 인간 뇌의 유일한 영역이기 때문이다(5장 참조). 그러나 회색질 증가는 새로운 가지돌기가시와 시냅스의 형성, 그리고 새로운 축삭 가지의 발아로도 설명할 수 있다. 아교세포 수의 증가, 또는 새 조직에 혈액을 공급하기 위해 새로 형성된 혈관 역시 회색질 밀도를 높일 수 있다.

이와 유사하게 백색질 구조의 변화 역시 축삭에서 미엘린수초의 추가 및 제거, 미엘린 두께의 변화나 랑비에결절 사이의 간격 변화 등 다양한 메커니즘에 의해 일어날 수 있는데, 이 모든 것이 뉴런의 신경전도 속성을 변경한다. 확산텐서영상은 미엘린 변이에 민감하긴 하지만, 메커니즘을 구분할 정도까진 아니다.[18]

뇌 영상 데이터는 직관에 어긋난 결과를 보여주거나 해석하기 어려울 때가 있다. 최근 연구에서는 프로 축구선수와 수영선수가 동일한 발동작을 할 때 뇌 활동을 비교했는데, 축구선수가 수영선수보다 발에 대응하는 운동겉질이 오히려 덜 활성화되었다. 과학자들은 이 결과를 축구선수들이 수년의 훈련으로 발동작을 효과적으로 통제하면서도 신경원을 보전하게 되었기 때문이라고 해석했다.[19]

뇌가 대단히 유연한 기관임은 틀림없는 사실이지만, 우리는 뇌가 주어진 요구에 적응하는 여러 방식을 이제 막 이해하기 시작했다. 기술 발전으로 뇌를 더욱더 정교하게 이미지화할 수 있게 되면, 다양한 훈련이 뇌의 구조와 기능에 영향을 주는 방식에 대해 더욱 깊이 있는 지식을 얻을 수 있을 것이다.

신경 손상과 뇌 손상

다양한 신경가소성 변화가 뇌졸중이나 부상으로 인한 신경 및 뇌 손상에 의해 일어난다. 신경 손상은 망가진 신경섬유를 변형할 뿐 아니라 뇌와 척수에서 신경 회로 기능을 재조직한다. 이 효과는 여러 달 또는 여러 해 동안 지속될 수 있다. 신경 손상과 절단으로 인한 변화는 손상의 정도가 심한 경우 기능이 회복되기는커녕 절단 부위에 신경병증성 통증, 즉 '유령' 감각 및 통증을 느끼는 부적응 현상(환상지 증후군)을 일으킬 수 있다. 반대로 뇌졸중 후에 일어나는 자발적인 가소적 변화는 뇌에 일어난 손상이 보완되도록 돕는다.

손상으로 인한 뇌 변화는 들쥐, 원숭이, 인간을 대상으로 연구되었다. 들쥐 연구는 대체로 몸통겉질이라는 뇌 영역에 집중되었는데, 이곳은 수염에서 보내는 감각 정보를 받는 곳이다. 원숭이와 인간 연구는 주로 일차 몸감각겉질에서 이루어졌는데, 이곳은 피부 표면과 일차 운동겉질에서 보내는 감각 정보를 받아들인다. 일차 운동겉질은 척수에서 근육으로 명령을 보내 동작을 수행하게 한다. 그리고 이러한 감각 뇌 영역은 지형학적으로 조직된다고 알려져 있다. 예를 들어 피부에서 서로 인접한 지역의 촉각 정보는 뇌의 일차 몸감각겉질에서도 인접한 부위에서 처리된다. 마찬가지로 근육에서 서로 인접한 세포 집단은 일차 운동겉질에서도 인접 부위의 세포에 의해 제어된다. 이런 방식으로 몸은 일차 몸감각겉질과 운동겉질의 표면에 '지도화(매핑)'된다.

특정 신체 부위에 대응하는 겉질 부위의 크기는 대응하는 신체 부위의 실제 크기보다는 그 부위의 말단 및 근육의 수로 결정된다. 일차 몸감각겉질과 운동겉질의 신경 세포조직 중 많은 부분이 얼굴과 손에서 보내오는 정보를 처리하고 운동 명령을 보내는 일을 하는데, 얼굴과 손은 몸에서 가장 민감하고 유기적으로 연결된 부분이기 때문이다. 이러한 겉질 대응구는 경험에 의해 변형되어 감각 정보를 박탈당하면 수축하고 해당 신체 부위를 많이 사용하면 확장한다. 이 과정을 재지도화remapping라고 하며 이는 신경이나 뇌가 손상된 후에 일어나지만 경우에 따라 재활을 촉진하려는 목적으로 다양한 비침습성 뇌 자극법을 통해 인위적으로 유도될 수도 있다.

말초 신경 손상

신경가소성에 대한 최초의 직접적인 증거로는 1980년대 초에 이루어진 동물의 신경 손상 연구가 있다. 원숭이 팔의 정중신경이 절단되면, 이에 대응하는 일차 몸감각겉질 부위는 정보가 박탈되지만 그렇다고 그 부위가 휴면 상태가 되지는 않는다. 일차 몸감각겉질은 수 주 안에 스스로 재조직하는데, 상처에 인접한 신체 부위에서 들어오는 정보를 받는 이웃 뇌 조직이 박탈 부위로 확장해 잠식한다.

좌골신경이 절단된 들쥐에서는 절단 부위에 인접한 두렁신경(복재신경)에서 입력을 받는 몸감각영역이 3배나 확장되었는데, 신경이 절단된 후 1~2일 안에 커지기 시작해 최대 6개월까지 지속적으로 확장했다. 손가락이 절단된 원숭이의 경우, 원래는 잘린 손가락에 반응하던 일차 몸감각겉질 부위가 2~8개월 후 인접 손가락의 접촉에 반응했다.[1]

운동겉질의 재조직화 역시 비슷한 방식으로 일어나지만 다른 결과를 낳는다. 들쥐에서 얼굴신경(안면신경)은 일반적으로 수염 동작을 제어하지만, 신경이 손상되면 그에 대응하는 뇌의 운동 영역이 처음에는 전기 자극에 아무 반응도 하지 않다가 몇 시간이 지나면 수염 대신 팔뚝과 눈꺼풀 근육을 수축시킨다.

오늘날 과학자들은 경두개 자기자극술TMS과 경두개 직류자극술tDCS과 같은 비침습성 뇌 자극을 사용해 인간에서 이와 같은 변화가 어떻게 일어나는지 감지할 수 있다. 이런 변화는 일시적인 신경 봉쇄 이후 몇 분, 척수 손상 이후 몇 주 후면 시작한다. 예를 들어 국소 마취로 신경을 차단하면 마비 지역에 대응하는 운동겉질 부위가 이내 휴지 상태에 들어가는 반면에 이웃하는 지역은 척수 운동 신경에 보내는 출력을 증가시킨다. 그러나 이러한 효과는 되돌릴 수 있어서 마취가 끝난 후 약 20분이면 사라진다.

비슷한 종류의 겉질 재조직화가 팔이 절단된 후에도 일어난다. 동물 연구 사례에서처럼 절단된 팔에 대응하는 몸각각겉질 영역은 차츰 수축하고 대신 주변 영역이 확장하면서 잠식하기 시작한다. 팔이 절단된 사람의 대다수가 유령 팔(환상지)을 느끼는데, 이는 사라진 팔이 여전히 몸에 붙어 있는 것 같은 생생한 감각을 말한다. 그들은 종종 극도의 통증을 느낀다. 유령 팔을 느끼는 것은 적어도 부분적으로는 절단 이후에 일어나는 겉질 재조직화 때문이라고 여겨진다. 몸감각겉질과 운동겉질에서 손의 대응 지역은 얼굴 대응 지역 바로 옆에 인접해 있으므로, 손이 절단된 후 얼굴을 담당하는 부위가 확장하여 박탈당한 이웃에게로 침입해 들어간다. 결과적으로 손이 잘린 사람의 얼굴에서 특정 부분을 만지면 손에서 생생한 가짜 감각을 촉발할 수도 있는데, 이는 박탈 지역이 어떤 식으로든 자신이 과거에 수행했

던 기능에 관한 기억을 유지하기 때문이라고 추측된다.[2]

그러나 겉질 재조직화를 세포 메커니즘 측면에서 설명하기는 힘들다. 뇌 촬영 기술이 인체에서 이러한 과정을 감지할 정도로 섬세하지는 않기 때문이다. 그러나 동물 연구를 토대로 충분히 예상은 할 수 있다. 신경섬유가 절단된 뉴런은 재빨리 가지돌기를 움츠려 원래 연결돼 있던 신경 말단에서 떨어져 나가고 세포가 받는 시냅스의 수도 전반적으로 감소한다. 손상 지역의 온전한 축삭 섬유는 새로운 가지의 싹을 틔워 상처 입은 지역으로 자라는데, 이때 섬유와 새로운 표적 사이에 연결이 제대로 이루어지지 않으면 신경병증 통증을 야기할 수 있다.

겉질 재조직화의 초기 단계는 휴면 상태에 있던 연결을 '드러내는' 과정으로 시작한다. 여기에는 겉질 대응 부위에서 인접한 부분끼리의 수평적 연결과, 감각 정보를 대뇌겉질의 적절한 영역으로 안내하는 시상과의 수직적 연결이 포함된다. 다시 드러난 연결은 장기강화에 의해 강화되겠지만(3장 참조), 아마 새로운 축삭가지 발아, 가지돌기의 연장과 분지, 새로운 시냅스 연결 등에 의해 계속 변화될 것이다. 동물 연구에 따르면 축삭돌기와 가지돌기는 몸감각겉질 재조직화 시기에 최대 3밀리미터까지 생장한다. 한편 운동겉질에서 대응부 경계는 최대 2밀리미터까지 빠르게 이동할 수 있다.[3]

뇌졸중

뇌졸중 이후에 일어나는 겉질 재조직화에 관해 많은 연구가 이루어졌다. 뇌졸중은 사망과 장애의 주요 원인으로, 혈관이 막히거나 망가지는 바람에 뇌로 가는 혈액의 공급이 막혀 세포가 산소를 공급받지 못해 괴사하게 된다. 뇌의 이마엽과 관자엽은 특히 산소 부족에 취약하므로 뇌졸중이 오면 흔히 이 지역이 손상을 입어 언어장애, 근육 약화, 몸 한쪽의 완전한 마비라는 특징적인 증상이 나타난다. 좌뇌와 우뇌는 각각 몸의 반대편을 제어하므로 뇌졸중은 손상이 일어난 반구의 반대쪽 팔다리를 마비시킨다.

신경 손상으로 유도되는 신경가소성은 별로 이로운 것이 없는 반면, 뇌졸중 이후에 일어난 겉질 재조직화는 운동 기능 회복에 크게 기여한다고 알려져 있다. 뇌졸중의 경우, 일차 운동겉질에서 척수의 운동뉴런으로 내려가는 신경 경로가 망가질 때 마비가 오는데, 그러면 뇌는 손상된 경로와 평행한 다른 운동 경로를 활성화시키는 방식으로 피해를 복구하기 시작한다. 이 경로는 반대편 뇌에 있는 일차 운동겉질, 또는 손상 부위에 인접한 이차 운동 영역에서 시작된다.[4]

어느 쪽이든 뇌와 척수는 다시 연결될 수 있지만, 다만 이 새로운 경로는 간접적이다. 정상적인 상황에서는 뇌에서 근육으로 가는 동작 정보가 단 하나의 시냅스만 통과해 전달된다. 이 시냅스는 일차 운동겉질의 뉴런과 척수의 운동뉴런 사이를 연결하는 시냅스다. 그러나 새로운 운동 경로는 참여하는 연결의 수가 늘어나고 개별 근육 섬유가 아닌 근육 집단 전체를 활성화하므로 전반적인 운동 기능이 개선될지는 몰라도 환자는 여전히 개별 손가락을 움직일 때 어려움을 느낄 수 있다.

뇌 촬영 연구 결과 뇌졸중이 일차 몸감각겉질에서 장기적인 구조적·기능적 변화를 유도한다는 것이 밝혀졌다. 만성 뇌졸중 환자는 겉질의 두께가 4~13퍼센트 증가하는데, 운동 훈련 뒤에 쥐의 운동겉질에서 나타나는 부피 증가, 또는 음악 훈련 이후의 구조 변화와 비교할 만하다(6장 참조). 이러한 두께 증가는 대조군과 비교했을 때 뇌졸중 환자에게 일어나는 촉각에 대한 겉질 반응 및 촉각의 민감도 증가와 연관된다.[5]

뇌졸중 후 회복은 근본적으로 이 새로운 신경 경로를 통해 움직임을 제어하는 법을 배우는 과정이다. 새로운 경로는 손상된 원래의 것보다 덜 효율적이지만, 재활은 경로 강화를 돕고 잃어버린 기능의 회복을 촉진할 수 있다. 뇌졸중 이후 몇 달간은 집중적인 물리치료가 필요한데, 여기에는 새로운 운동 경로를 강화하기 위해 해당 팔다리를 반복적으로 움직이는 운동이 포함된다. 그러나 환자들은 보통 고된 훈련을 참고 계속할 동기가 부족하다. 현재는 물리치료사의 공급이 부족한 상황이므로 최

근에는 점차 로봇 기술에 재활을 의존한다.[6]

뇌졸중 환자의 운동 기능은 강제유도치료 기법에 의해 개선될 수 있는데, 그것은 정상적인 팔다리를 묶어서 고정하고 약해진 팔다리를 최대한 사용하도록 강제하는 방법이다.[7] 그러나 환자의 회복 수준은 개인에 따라 편차가 크다. 환자의 약 3분의 1은 재활을 통해 운동과 언어 기능 회복에서 모두 엄청난 진전을 보인다. 다른 3분의 1은 호전이 더디고, 나머지는 거의 혹은 전혀 개선의 여지가 보이지 않는다.

이렇게 결과가 다양한 이유는 아직까지도 분명하지 않지만 유전적 요인과 환경적 요인이 영향을 미칠 것이다. 진단과 치료 시점 또한 큰 영향을 준다. 뇌졸중으로 인해 산소가 부족해지면 매 분마다 수백만 개의 뇌세포가 죽기 때문에 치료를 빨리 할수록 손상 정도를 줄일 수 있다. 그리고 이제는 재활을 빨리 시작할수록 결과가 더 좋다는 사실도 명확히 밝혀졌다.

한 가지 유망한 치료법으로 좌뇌와 우뇌 사이의 활동 균형을 바꾸는 방법이 있다. 일반적으로 뇌의 반구는 팔다리의 움직임을 조정하기 위해 뇌들보에서 반구와 반구를 가로지르는 섬유를 통해 서로를 억제한다. 뇌졸중 직후에는 손상되지 않은 반구가 더 활동적이 되는데, 아마도 반대편이 손상되면서 억제 수준이 낮아지기 때문일 것이다. 같은 맥락에서, 손상된 반구가 과하게 활동하면 재활을 방해할 수도 있다.

경두개 자기자극술TMS을 이용해 이러한 균형을 깨뜨릴 수 있다. 경두개 자기자극술은 자석 코일을 이용해 뇌의 특정 부위로 자기장을 전달하는데, 자기장은 약 10분의 1초 동안 지속되는 전기장을 생성하고, 이 전기장은 표적 지역에서 세포의 활성을 증가 혹은 억제시킨다. 경두개 자기자극술을 사용해 한쪽 반구의 활동을 방해하는 것이 회복을 용이하게 한다는 연구 결과가 나오고 있지만, 지금까지 결과는 다양하다. 어떤 환자에서는 손상되지 않은 쪽의 활성을 억제함으로써 문제 있는 팔다리 운동을 개선했지만, 그렇지 않은 환자도 있었다.

그러나 뇌의 두 반구가 뇌졸중이 일어난 후 특정 시점이 되면 회복을 촉진하기 위해 서로를 억제하는 게 아니라 반대로 흥분시키는 방향으로 전환한다는 증거가 있다. 이에 따라 경두개 자기자극술로 손상된 반구의 활동을 억제하거나 손상되지 않은 반구의 활동을 증가시키면 손상된 반구의 운동 활동이 향상되면서 회복을 촉진할 수 있지만, 같은 방식이라도 반구끼리 서로 활성화하는 방향으로 전환한 다음에 치료를 시도하면 오히려 역효과를 낳을 수 있다.[8] 뇌졸중에 걸린 뇌가 스스로 적응해나가는 방식을 더 많이 알게 된다면 임상의들이 치료법의 효능을 개선하는 데 틀림없이 도움이 될 것이다.

경두개 직류자극술tDCS은 뇌의 활동을 조절하는 데 쓰이는 또 다른 비침습성 기법이다. 이 기술은 두피 전극을 이용해 뇌의 특정 부위를 낮은 진폭의 직류로 자극하는데, 이제 우리는 이 전류가 표적 지역에서 장기강화를 유도한다는 것을 알고 있다.[9] 경두개 자기자극술과 경두개 직류자극술 모두 재활 치료의 일부로 사용되고 있으며, 이 기술을 통해 신경 활동과 뇌의 연결성도 파악할 수 있어 진단과 예후 목적으로도 널리 사용된다.[10]

기능적 뇌 영상은 뇌졸중 손상 정도를 가늠하고 환자의 회복 정도를 예측하는 데에도 점차 많이 사용되고 있다. 예를 들어 기능성 자기공명영상fMRI 연구에 따르면 환자의 동작에 장애가 심할수록 단순한 잡기 과제 수행 시 손상된 반구의 이차 운동영역이 더 활성화되었다. 경두개 자기자극술로 이 영역의 활성을 방해하면 뇌졸중 환자에서는 동작에 문제가 생겼지만 건강한 대조군에서는 그렇지 않았는데, 이는 이차 운동영역이 회복에 크게 기여한다는 것을 암시한다. 반대로 손상되지 않은 쪽 이차 운동영역의 활동을 방해하면 중증 환자에게서 훨씬 파괴력이 컸는데 이는 이 환자들이, 손상이 경미한 환자보다 새로운 경로에 훨씬 크게 의존한다는 사실을 암시한다.[11]

어떤 과학자들은 비침습성 뇌 자극 기술이 언어 기능을 회복시키는 데에도 쓰일 수 있는지 연구하고 있다. 대부분 사람들에서 언어 기능은 왼쪽 이마엽과 관자엽의 특정 지역에서 관할하고, 주로 좌반구가 담당한다(1장 참조). 이 영역은 뇌졸중에 의해 쉽게 손상되며 결과적으로 뇌졸중 환자 20~40퍼센트가 심각한 언어 장애를 겪는다.

뇌의 언어 네트워크에서 일어나는 보상적 신경가소성은 운동 경로에서 관찰되는 것과 유사해 보인다. 언어 중추가 손상되면 좌뇌의 손상 주변 지역, 또는 우뇌의 휴면 중인 언어 중추, 혹은 둘 다로 보완될 수 있다. 언어 기능은 대개 좌뇌에 편중되어 있고, 반구 사이의 상호 억제 작용이 소실되면 회복이 촉진된다고 여겨지므로 좌반구와 우반구의 활동 균형을 교란하는 것이 언어 회복의 핵심이 될 가능성이 있다.

그러나 이 연구는 여전히 초기 단계에 있다. 그리고 지금까지 사용된 접근법은 상반된 결과를 낳았다. 운동 기능이 회복되는 과정에서처럼 자발적으로 일어나는 보상적 가소성이 시간에 따라 어떻게 변하는지 알게 된다면 최적화된 치료법 개발과 결과 개선에 도움이 될 것이다.[12]

다른 연구에서는 물리치료 중인 뇌졸중 환자에게 초기에 플루옥세틴(프로작) 또는 유사 항우울제를 처방했을 때, 3개월 후 운동 기능이 더 잘 회복되었다는 결과가 있었다. 그러나 어떻게 이런 결과가 나오는지는 여전히 명확하지 않다. 이 계열의 약물에는 항염증 효능이 있는데, 이것이 환자의 뇌를 추가적인 손상으로부터 보호하고 새로 형성된 운동 경로에서 장기강화를 촉진함으로써 재학습을 용이하게 하는지도 모른다.[13]

중독과 통증

신경가소성과 관련한 뇌의 능력은 기억을 형성하고 새로운 기술을 습득하기 위해 경험으로부터 배우는 능력, 뇌 손상으로부터 적응하고 회복하는 능력, 또는 적어도 피해를 보완하고 손상된 상태로 작동하는 능력이다. 그러나 뇌와 행동의 관계는 일방적이지 않다. 경험과 행동은 뇌의 가소적 변화를 유도하고, 이 변화는 다시 미래의 행동과 경험에 영향을 준다. 그리고 신경가소성의 결과가 언제나 바람직한 것은 아니다.

중독과 통증은 신경가소성이 잘못 적용되어 일어나는 증상 가운데 우리가 가장 잘 이해하고 있는 것이다. 중독성 약물은 뇌의 보상 시스템을 활성화하고 장악하며, 그로 인한 변화는 약물이 뇌에서 제거된 후에도 오래도록 남아 약물에 대한 열망과 약물을 찾아 헤매는 강박적인 행동을 일으킨다. 반면에 오래된 통증은 통증성 자극을 뇌로 전달하는 척수 회로를 재조직되도록 하여 애초에 통증을 야기한 자극이 없어진 후에도 통증을 지속시켜 수개월 또는 수년 동안 지속되는 만성 통증을 야기할 수 있다.

보상, 동기, 중독

중독성 마약과 처방약은 보상과 동기를 취급하는 뇌 시스템에 작용하고 그것을 수정한다. 이 시스템에서 가장 중요한 부분은 **배쪽피개**ventral tegmentum에서 시작되는 **중간변연 경로**이다. 배쪽피개는 **중뇌**에 위치한 작은 구역으로 인간의 뇌에서는 이곳에 약 40만 개의 뉴런이 들어 있다. 이 세포들은 신경전달물질인 도파민을 합성·방출하고, 기저핵(겉질 아래에 위치한 커다란 구조체로 절차적 학습, 습관 형성, 수의적 동작의 통제와 연관된 기관)의 일부인 **중격핵**nucleus accumben,측좌핵까지 긴 축삭 섬유를 뻗는다. 중격핵은 다시 다른 많은 뇌 구역으로 투사하는데, 여기에는 기억과 의사 결정을 담당하는 대뇌겉질, 그리고 아몬드 모양의 기관인 **편도체**(공포 및 불안과 연관되고, 경험에 감정을 할당함)가 포함된다.

정상적인 상태에서 이 구조들은 서로 협력하여 음식, 물, 섹스와 같은 자연적인 보상을 얻기 위해 동기를 목적 지향적 행동으로 바꾼다. 여기에서 중격핵이 중심적인 역할을 한다. 우리가 즐겁다고 생각하는 모든 것은 배쪽피개에서 뉴런을 점화하여 중격핵으로 도파민을 방출하는데, 방출된 도파민의 양에 따라 보상을 평가한다. 이러한 이유로 중격핵은 뇌의 '보상 센터'로 유명하고 도파민은 '쾌락 분자'라고 불린다. 물론 둘 다 수많은 다른 기능이 있다.[1]

모든 중독성 약물은 배쪽피개를 표적으로 삼고 다양한 방식으로 도파민 전달을 향상시켜 배쪽피개와 중격핵 및 중격핵의 투사영역에서 신경전달물질의 농도를 높인다. 니코틴은 배쪽피개의 표면에서 발현되는 니코틴 수용체에 작용해 도파민을 생산하는 배쪽피개 뉴런의 점화율을 증가시킨다. 오피오이드, 벤조디아제핀, 카나비노이드는 배쪽피개에서 사이뉴런을 생산하는 GABA의 활성을 억제함으로써 배쪽피개 뉴런의 점화율을 간접적으로 높인다. 코카인, 암페타민, 엑스터시와 같은 정신자극제는 도파민 운반체를 차단하는데, 이 운반체는 일반적으로 뉴런이 시냅스틈으로 방출한 도파민을 재흡수하는 막 단백질이다.

약물이 보상 경로를 장악하는 이유는 중간변연 경로에서 자연적인 보상보다 훨씬 효과적으로 도파민을 방출하기 때문이다. 코카인, 모르핀, 니코틴, 알코올, 벤조디아제핀은 한 번의 복용으로도 배쪽피개에서 장기강화를 유도하며(3장 참조), 이는 최대 1주일까지 지속된다. 또한 중독성 물질은 신경세포의 구조

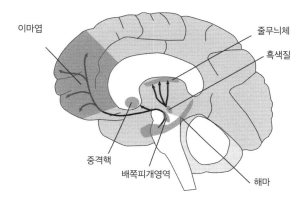

이마엽　　　　　　　　　　　줄무늬체
　　　　　　　　　　　　　　흑색질

중격핵
　　배쪽피개영역
　　　　　　　　　　　해마

그림 5　인간의 중간변연(보상) 경로.

변화까지 일으킨다. 코카인 또는 유사 자극제를 복용하면 배쪽 피개에서 가지돌기가시의 밀도가 증가하고, 모르핀을 만성적으로 복용하면 밀도가 감소한다. 이러한 결과는 대부분 쥐에서 중뇌 세포조직 절편을 절개한 실험에서 왔지만, 인간 뇌 영상 연구에서도 중독성 약물이 중격핵에서 도파민 농도를 증가시키고, 이는 쾌락 효과와도 밀접하게 연관됨을 확인할 수 있었다.[2,3]

중독은 사용자가 쾌락 효과를 위해 자발적으로 약물을 복용하는 기분 전환용 복용recreational use에서 부작용이 있는 경우에도 이를 통제하지 못하고 강제적으로 약을 찾아 복용하는 습관성 복용으로 전환된 것으로 볼 수 있다. 일단 약물에 사로잡히면 처음에는 취하기 위해 약에 탐닉하지만 이내 금단증상을 경험하기 시작하고 이것이 약물에 대한 갈망을 일으켜 더 많은 약물을 찾아 복용하는 악순환에 빠진다.

현재로서는 기분 전환용 약물 사용이 중독으로 전환되는 과정에는 보상 경로에서 일어나는 일련의 기능적·구조적인 뇌 변화가 동반된다고 여겨진다. 처음에는 배쪽피개와 중격핵에서 장기강화를 유도하면서 도취 효과가 나타나지만, 계속 사용하다 보면 기억 및 실행 기능과 연관된 일부 경로에서 변화가 일어난다. 사용자는 약의 복용을 특정 환경, 사람, 물건과 연관 짓는 법을 배우고 이후의 복용은 추가 복용을 유도하는 행동을 강화한다. 뇌는 사용자로 하여금 뇌의 보상 효과를 과대평가하게 하는 방식으로 적응하고, 점차 약의 복용이 습관적이고 강박적으로 변하게 된다.[4]

즐거움을 주는 모든 활동이 중격핵에서 도파민 분비를 증진하므로 그중 어느 것에도 중독될 수 있다. 그리고 지금은 도박, 섹스, 쇼핑과 같은 활동이 뇌에 비슷한 변화를 주어 강박으로 이끈다는 증거가 있다. 또 이제 우리는 파킨슨병을 치료하기 위해 사용되는 처방약이 이와 같은 행동에 크게 영향을 준다는 걸 알고 있다. 파킨슨병은 흑색질이라는 또 다른 중뇌 지역에서 도파민을 생산하는 세포의 퇴화로 발생한다. 이러한 증상의 일부는 뇌에서 도파민 수치를 증가시키는 약물에 의해 완화될 수 있지만, 이 약물은 중간변연 경로에 작용할 수도 있으므로 드문

경우지만 병적인 도박, 성욕 과잉 및 기타 강박적 행동으로 이어질 수 있다.[5]

통증 경로

신체적 통증은 잠재적으로 생명을 위협할지도 모르는 상처를 경고하는, 진화적으로 아주 오래되고 중요한 기능을 한다. 그러나 통증 역시 신경계에 오랫동안 지속되는 적응을 야기할 수 있는데, 이때 적응은 곧 다양한 형태의 지속적이고 병리학적인 통증에 도움이 될 만한 변화를 말한다.

유해한 자극을 지각하는 능력은 말초신경계의 일차 감각뉴런에 의해 조정된다. 이처럼 통증을 감지하는 뉴런은 척수 바로 바깥쪽에 있는 배근신경절에 세포체가 모여 집락을 형성한다. 통증 감지 뉴런의 섬유는 세포체 근처에서 둘로 갈라진다. 첫 번째 가지는 피부 표면 바로 아래에서 특정한 부위로 연장된다. 이 부위에는 과도한 물리적 압박, 상처를 줄 정도로 뜨겁거나 차가운 온도, 손상된 세포가 내뱉는 화학 물질 칵테일에 들어 있는 성분처럼 특정한 종류의 통증 자극에 민감한 수용체들이 있다. 두 번째 가지는 훨씬 짧은 거리를 이동해 척수 뒤쪽으로 가서 뇌로 투사하는 이차 감각뉴런과 시냅스를 형성한다.[6]

고통을 감지하는 뉴런이 활성화되면 신경 자극을 생성하는데, 이 자극은 척수로 올라가 이차 감각뉴런에 전달되고 거기에서 다시 몸감각겉질까지 이동한다. 이 신호가 처리될 때 우리는 통증을 느끼고, 통증을 멈추는 행동을 통해 손상이 심해지는 것을 막는다.

가소적 변화는 피부밑 통증 감지 뉴런의 끝부분뿐 아니라 이들이 척수의 이차 감각뉴런과 형성하는 시냅스에서도 일어난다. 단백질 감각기가 활성화되면 신경 말단에서 단백질을 빠르게 재배치하고 기능적 속성을 바꾸어 활성화 임계값을 낮춘다. 그러면 손상된 세포조직이 과민해져서 무해한 자극도 통증으로 느끼기 때문에 되도록 손상된 세포를 만지지 않게 되고 그래서 치유를 돕는다. 또한 통증 감지 뉴런의 점화율이 높아지고 척수에 있는 신경 말단에서 신경전달물질의 방출 확률이 증가한다.

이러한 단기적 변화는 대개 되돌릴 수 있다. 그러나 어떤 상황에서는 통증 시스템에 장기적으로 지속되는 변화가 일어난다. 염증이 일어나는 동안 손상된 세포에서 방출된 성장인자 때문에 통증 감지 뉴런에서 통증 수용체 및 관련 신경전달물질의 합성 및 운반이 촉발되어 세포가 통증성 자극에 민감해진다. 이 세포가 만들어낸 자극의 여파로 척수 시냅스에서 장기강화가 유도된다. 이는 유입된 통증 신호에 대한 이차 감각뉴런의 반응을 증폭시키고, 이 때문에 반복적인 저주파수 신호의 출력이 점

차 커지는데, 이 과정을 와인드업wind-up 현상이라고 한다.[7, 8]

만성 통증 또는 지속적 통증은 일차 몸감각겉질의 기능적·구조적 변화와도 연관되지만, 다른 종류의 통증과 부상은 다른 방식의 변화를 일으킨다. 예를 들어 손목터널증후군 환자는 아마도 통증을 느끼는 손가락의 대뇌겉질 대응부가 확장하는 바람에 환자가 느끼는 통증이 심해질 것이다. 반면 복합부위통증증후군 환자의 경우는 환부의 겉질 대응부가 축소하는데 그건 아마 사용하지 않기 때문일 것이다. 대뇌겉질의 재조직화는 다음과 같이 단계적으로 일어난다. 상처를 입고 처음 몇 분 후에는 과거에 억제되었던 연결이 '드러나고,' 이후에 세포조직이 재조직되면서 그 안에서 축삭이 발아한다.[9]

삶의 단계별 뇌의 변화

신경가소성은 평생 일어나는 과정이다. 시냅스 연결을 변형하
는 수준의 신경가소성은 지속적으로 일어나며 이는 학습이나
기억 같은 일상적인 정신 기능에 필수적이다(4장 참조). 반면에
신경 발생은 대개 출생 전 발생 과정에 한정되고 10~16주 태아
에서 정점을 이루는데 이때 배아의 뇌는 1분당 25만 개의 뉴런
을 생산한다고 추정된다. 뇌는 출생 후에도 새로운 세포를 계속
만들어내지만 생산 속도는 처음 몇 년 동안 빠르게 감소한다.
성인의 뇌에서도 새로운 신경세포가 만들어지지만 우리가 아는
한 그 능력은 심각하게 제한적이다(5장 참조).

이와 비슷하게, 시냅스 형성도 자궁에서부터 시작된다. 출생
후 매 분 200만 개의 시냅스가 만들어진다고 추정되지만 시냅
스 형성과 연관된 유전자 활성은 약 5세에 정점을 이룬다. 인생

초기의 경험은 발달하는 뉴런 회로에 중대한 영향을 미치고 그 영향은 평생 지속한다. 따라서 어려서의 경험이 어른이 되었을 때 특정 행동 패턴을 형성하기 쉽게 만드는지도 모른다.

청소년기는 엄청난 양의 시냅스가 제거되고 — 뇌에서 전체 시냅스의 약 40퍼센트가 감소한다 — 백색질 분포가 크게 달라진다는 특징이 있다. 이 두 변화 모두 뇌가 올바르게 발달하기 위해 반드시 필요하며 이는 또한 행동 변화와도 연관된다. 시냅스 형성과 가지치기 역시 인생 전반에 걸쳐 지속적으로 일어나는데, 이제는 둘 다 정상적인 뇌 기능을 위해 매우 중요하게 생각된다(4장 참조).

마찬가지로 노화하는 뇌 또한 정신 기능의 변화와 연관되어 전형적인 신경가소적 변화를 겪는 것으로 보인다. 노년기에도 뇌는 구조적·기능적으로 변화한다. 이 변화는 정신 기능의 점진적인 퇴화를 일으키기도 하지만, 노화에 따른 인지력 감퇴 등을 피하거나 이를 보완하는 능력을 강화하기도 한다.

태아기 가소성

올바른 뇌 발달은 태아기와 유아기의 감각 자극과 자발적인 뇌 활동에 크게 의존한다. 이러한 활동으로 유도되는 구조적·기능적 변화는 제대로 기능하는 건강한 뉴런 회로가 만들어지는 데 결정적인 역할을 한다. 이러한 발생 가소성은 1960년대에 허블과 비셀이 했던 선구적인 연구 덕분에 신경가소적 변화 중에서도 가장 잘 알려져 있다(2장 참조).

사실 신경가소성은 자궁 속에서 신경 회로가 설치될 때 회로의 형태를 만들기 시작한다. 임신 제2 삼분기(22~23주) 중간에 감각계에서 장거리 연결이 형성되기 시작하는데, 이는 태아로 하여금 다양한 환경적 자극을 감지하게 한다. 이 자극은 생의 초기에 그러하듯이 출생하기 한참 전부터 회로를 세밀하게 조정하고 다듬는다.

그러나 태아기 가소성에 대한 우리의 지식은 제한적일 수밖에 없다. 자궁 속에서 벌어지는 일들을 조사하기가 매우 어렵기 때문이다. 1950년대 연구 초기에는 뇌전도 검사를 이용해 전극을 산모의 배에 설치하고 분만 중에 태아의 뇌파를 기록하는 방식으로 연구가 이루어졌다. 다소 조악하긴 하지만 이 방법으로 분만 중에 태아 절박 가사, 신경계 이상, 뇌 손상을 보여주는 뚜렷한 뇌파 패턴이 있음을 알게 되었고, 이는 분만 전에 태아의 뇌 활동으로 발달상의 결과를 예측할 수 있음을 의미했다.

오늘날에는 기능적 뇌 영상 기법을 사용해 태아의 뇌 기능을 조사하는 연구가 늘고 있다. 현재 청각계가 가장 잘 연구되어 있는데, 태아에게 청각 자극을 전달하기가 가장 쉽기 때문이다.

달팽이관은 음파를 전기 자극으로 바꾸는 기관이며 달팽이관의 유모세포는 임신 제2 삼분기 중간부터 기능을 시작한다. 이와 대조적으로 시각계는 이 시기에 거의 감각 입력을 받지 않으며 태어난 후에도 기능이 완전하지 않다. 따라서 소리를 구별하는 능력은 자궁에서 시작해 — 이 능력은 신생아가 출생 전에 들었던 소리를 인지하고, 엄마의 목소리를 다른 사람들의 그것과 구분하게 한다 — 생후 3주가 되면 완전히 발달한다.[1]

이 연구는 주의 집중이나 기억과 같은 인지 과정이 출생 전부터 존재한다는 것을 명확히 보여주었으며, 이제 과학자들은 다양한 뇌 영상 기법을 사용해 정확한 발생 시기를 알아내려고 한다. 이 연구는 아직 시작 단계이지만 지식과 기술이 발달하면 더 많은 것을 알게 될 것이다. 또한 이 과정에 대한 이해를 통해 자폐 장애, 독서 장애, 그리고 어쩌면 조현병 같은 질환 — 이 중 몇몇은 이제 발달장애로 여겨진다 — 을 이해하게 될지도 모른다.

인생 초기 경험

2004년에 발표된 획기적인 연구에서는 들쥐 새끼가 어미에게서 받는 돌봄의 수준이 성체가 되었을 때의 행동에 영향을 준다는 것을 보여주었다. 어미 쥐들이 새끼를 돌보는 정도는 차이가 있었는데, 어떤 어미는 새끼에게 더 주의를 기울이고 자주 보살펴주었다. 태어난 첫 주에 어미가 자주 핥고 털 고르기를 한 새끼는 어미와 접촉이 없었던 새끼에 비해 스트레스나 공포 상황에 더 잘 대처했다. 이러한 차이는 해마의 당질 코르티코이드 수용체 유전자 활성의 변화와 관련이 있다. 당질 코르티코이드 수용체는 스트레스 반응에 중요한 역할을 하는데, 어미에게서 양질의 보살핌을 받은 새끼에게서 그 유전자가 더 많이 발현되었다.

이러한 결과는 후생유전적 DNA 변형에 원인이 있다. 후생유전이란 염색체의 물리적 구조를 바꿔 유전자 발현을 조절하는 것이다. 어미의 빈번한 핥기와 털 고르기는 당질 코르티코이드 수용체 유전자가 포함된 염색체 부위를 개방해 세포의 단백질 합성 기계가 접근하기 수월하게 만드는 후생유전적 변화를 이끌었지만, 어미의 보살핌이 부족한 경우에는 반대로 염색체를 폐쇄해 유전자 활성도가 낮아졌다.[2]

후생유전적 메커니즘은 천성과 양육, 또는 유전자와 환경이 상호작용하게 하고, 습득된 후천적 특성이 세대에서 세대로 전해지도록 하는 방법을 제공한다. 이 연구의 핵심은 후생유전적 변화 및 그와 연관된 행동이 되돌릴 수 있는 것임을 보였다는 데 있다. 무심한 어미에게서 태어난 들쥐 새끼를 모성이 강한 어미에게 대신 키우게 하면 양모에게서 받는 핥기와 털 고르기가 당질 코르티코이드 수용체 유전자를 침묵시켰던 후생유전적 표지를 제거해 처음부터 양질의 보호를 받았던 새끼와 비슷한 수준의 스트레스 반응을 보인다. 또한 새끼에게 이러한 유형의 후생유전적 수정이 일어나지 못하게 차단하는 화학물질을 처리하면 이 표지를 되돌릴 수 있다.[3]

동일한 연구자들이 진행한 후속 연구는 이러한 결과를 사람에게 적용할 수 있음을 암시한다. 이들은 아동학대 피해자 중에 성인이 되어 스스로 목숨을 끊은 사람들의 뇌를 조사했고 아동학대를 당한 적이 없는 자살 희생자, 그리고 다른 원인으로 사망한 사람들의 뇌와 비교했다. 조사 결과 어릴 때 학대를 받은 자살 희생자의 해마는 다른 두 집단과 비교했을 때 당질 코르티코이드 수용체 전령 RNA(mRNA) 수치가 훨씬 낮았다.[4]

지난 15년간 과학자들은 두뇌 발달과 사회경제적 지위 사이의 관계에 큰 관심을 기울였다. 우리는 빈곤층이 부유층에 비해 덜 건강하고, 의료서비스에 접근하기가 더 힘들고, 수명이 낮다는 사실을 오랫동안 알고 있었다. 현재 떠오르는 가설은 성장기에 지나치게 빈곤한 환경이 성인이 되었을 때의 정신적·신체적 건강 모두에 영향을 주는 두뇌 발달에 지속적으로 심각한 영향을 미친다는 것이다.

이 연구는 사회경제적 지위가 일반적으로 특정 뇌 구조의 구성 및 다양성과 연관이 있음을 보여준다. 결핍된 환경에서 자란 아이들은 부유한 환경에서 자란 아이들과 비교했을 때 예를 들면 해마의 회색질 부피가 작았고 편도체와 앞이마겉질 활성에도 차이가 있었다. 이러한 특징은 주의력, 기억, 감정 조절과 같은 영역에서의 손상과 연관된다.[5]

　사회경제적 지위와 후생유전에 관한 연구는 풍요로운 환경에 대한 수많은 동물 연구 결과, 그리고 모성 박탈에 대한 초기 연구와도 결과가 일치한다. 이 결과는 올바른 두뇌 발달에 정신적 자극과 사랑하는 관계가 필수적이라는 사실을 분명히 한다. 또 이는 어린 시절의 방치 또는 학대의 결과를 바꾸거나 적어도 최소화하여 가난의 악순환을 깨도록 만들 수 있는 다방면의 개입이 필요함을 직접적으로 시사한다.

　상태가 열악한 루마니아 보육원에 버려진 아이들을 대상으로 한 연구가 이 주장을 뒷받침한다. 상실은 이 아이들 대부분에게 심각한 인지력 손상과 학습 장애를 주었지만, 양부모의 돌봄으로 적어도 부분적으로는 되돌릴 수 있었다. 아이가 어릴 때 입양될수록 이후에 결핍이 덜 심했다.[6] 그러나 어린 시절의 스트레스와 관련된 후생유전적 변형을 되돌릴 수 있는지 테스트하기는 어렵다. 대신 많은 연구자들은 무엇이 어떤 사람들로 하여금 스트레스와 어린 시절의 역경으로부터 더욱 잘 회복하도록 만드는지에 초점을 맞추고 있다.

　뇌 촬영 연구는 빈곤과 뇌의 구조 및 기능 사이의 명확한 인과 관계보다는 어떤 연관성을 보여준다. 사회경제적 지위는 일반적으로 개인의 학력, 소득, 직업을 통합하는 복잡한 개념이다. 빈곤 속에 성장하는 것은 만성적인 스트레스를 야기하는데, 스트레스도 두뇌 발달에 커다란 영향을 미치지만 이는 보통 영양실조와 같은 다른 수많은 요인과도 연관되므로 현재로서는 정확히 어떤 요인이 두뇌 발달에 영향을 미치는지 단정지을 수 없다. 그럼에도 불구하고 어떤 이들은 이러한 연구 결과를 확정적인 것으로 받아들이고 다양한 유년기 개입을 주장하는 정책을 구상하기 시작했다.

청소년기

인간의 뇌는 생후 2세에 성인 뇌 크기의 80퍼센트 정도가 되고 10세 정도에 성장이 완료된다. 그러나 이제 우리는 청소년기 후반, 그리고 그 이후까지도 광범위한 가소적 변화가 꾸준히 일어나고 따라서 20대 중반, 심지어 그 이후까지도 발달이 완료되지 않는다는 것을 안다.

전형적인 10대는 왕성하게 분비되는 호르몬과 고조된 감정 때문에 동년배의 인정을 받는 것에 큰 가치를 두고 그것을 얻기 위해 큰 위험을 감수한다. 10대와 청년들은 불안, 스트레스, 우울증, 조현병 발병 위험이 더 큰데, 이는 모두 아동기 후반에서 청년기 사이에 뇌에서 일어나는 변화와 밀접한 관련이 있다. 특히 앞이마겉질은 청소년기 전반에 걸쳐 장기적인 구조적·기능적 변화를 겪으며, 20대 후반까지도 발달이 끝나지 않는다. 이 구역은 흔히 지적 능력의 중심이라고 불리며, 계획, 의사 결정, 감정 조절 같은 실행 기능을 보조한다.

다양한 연령대의 뇌 조직을 부검한 결과에 따르면 앞이마겉질에서 가지돌기가시의 밀도는 아동기에 증가하지만 사춘기 이후에 점차 감소하기 시작한다. 더 나아가 지원자들의 뇌를 2년마다 반복해서 촬영한 종단 연구에 따르면 회색질 밀도와 앞이마겉질의 두께가 아동기 후반후와 청소년기 전반부에 증가하다가 12살에 정점을 이룬다. 이와 비슷하게 앞이마겉질에서 백색질의 부피는 아동기와 청소년기에 지속적으로 증가한 다음 청년기에 정체기에 들어선다.

일반적으로 회색질 밀도의 증가와 감소는 각각 시냅스 형성과 가지치기에 원인이 있다. 그리고 백색질 부피의 변화는 희소돌기아교세포에 의한 미엘린수초의 재분포에 기인한다. 뇌 촬영으로는 관찰된 변화 중 어느 것도 위에서 말한 과정들 때문에 일어난다고 확인할 수 없다. 그럼에도 이러한 변화는 서서히 앞이마엽 회로를 개선하고 회로의 시냅스 연결을 재조직하고 다른 뇌 구역과의 연결성을 향상시킨다. 결과적으로 앞이마겉질

은 효율이 점차 높아지고, 그와 함께 의사 결정 및 다른 실행 기능들도 개선된다.[7]

부모 되기

부모가 된다는 것은 신경가소성을 유도하는 또 다른 자연스러운 경험이다. 그러나 어떻게 부모 되기가 뇌를 변화시키는지에 대해서는 이제 막 이해하기 시작했다. 지금까지 대부분의 연구는 설치류를 대상으로 이루어졌다. 그러나 이제 과학자들은 기능적 신경 영상기법을 사용해 어떻게 임신 이후에 인간의 뇌가 달라지는지 보기 시작했다.

갓 태어난 쥐는 배가 고프면 저주파의 '꼬물거리는' 신호를, 혼자라고 느끼면 고주파의 초음파 발성을 낸다. 어미는 각각에 적절히 반응하는 것을 배우지만, 새끼의 소리에 처음 노출되었을 때는 어미가 신호를 적절히 처리하고 해석할 수 있도록 일차 청각겉질의 뉴런이 소리에 대한 반응을 바꾸기 시작한다.

이 세포의 활동을 미세 전극으로 기록한 실험에 따르면 새끼의 고주파 발성은 해당 주파수에 맞춰진 어미의 일차 청각겉질에서 발화 속도가 빠른 FS 사이뉴런fast-spiking interneuron이 차지하는 비율을 증가시킨다. 이것은 흥분성 신경전달과 억제성 신경전달 사이의 균형을 바꾸어 청각 뉴런 집단이 다른 뇌 구역의 세포와 동시에 활성되는 수준을 결정하는 데 중요한 역할을 한다.

단순히 새끼의 냄새에 노출되는 것만으로도 자발적인 세포 활동이 활성되는 것은 물론이고 어미의 일차 청각겉질에서 새끼의 음성에 대한 뉴런의 반응도 향상된다. 또한 FS 사이뉴런의 활성이 감소하는데, 이는 흥분과 억제 간의 균형을 바꿀 수 있다.

다른 동물 실험에 따르면 초기 모성 경험은 다양한 뇌 구역에서 구조적 재조직화와 회색질 부피의 증가와 연관되는데, 여기에는 앞이마겉질, 시상(감각 정보를 겉질의 올바른 영역으로 연결한다), 시상하부(모성 호르몬을 합성한다), 편도체(감정 정보를 처리한다), 줄무늬체(보상과 동기에 연관된다)가 포함된다.

이런 변화 중 일부는 새끼를 대하는 어미의 태도와 밀접하게 연관되는데, 새끼와 상호작용을 많이 하는 개체와 그렇지 않은 개체 사이에 뇌의 차이가 크다. 이 모든 변화는 뇌로 하여금 엄마가 될 준비를 시키고, 자식을 보살펴야 한다는 동기를 부여함으로써 어미가 보이는 행동의 근간이 된다.[8, 9] (이것의 연장선상에서, 출산 후 우울증을 겪는 새내기 어미들은 아기의 울음소리에 덜 민감하다. 또한 다른 어미에 비해 뇌의 핵심 영역 간의 연결도가 낮고 앞이마겉질에서 글루타메이트 신경 전달에 변화가 있었다.[10]) 종단적 뇌 영상 연구에 따르면 유사한 구조적 변화가 출산 직후의 사람에게서도 일어났다. 새끼를 대하는 어미 쥐의 태도가 뇌가 모성적으로 변하는 정도에 영향을 준 것처럼, 출산 후 첫 달에 아기를 대하는 여성의 태도로 향후 몇 개월간의 회백질 부피 증가 정도를 예측할 수 있었다.

전통적으로는 어머니가 주로 자식을 돌봐왔고 아버지는 생계를 책임지는 역할로만 중요하게 여겨졌다. 그러나 점차 남성들이 양육에 참여하고 있다. 아버지와 자식 간 관계의 중요성이 인지되고 있는 가운데 부성 역시 뇌에서 가소적 변화를 유도한다는 사실이 드러나기 시작했다.

아버지 되기와 연관되어 일어난 해부학적 뇌 변화를 조사한 최초의 종단적 뇌 영상 연구가 2014년에 발표되었다. 연구 결과, 일부 변화는 갓 엄마가 된 여성의 뇌에서 일어난 것과 비슷했다. 출산 후 첫 4개월은 아버지와 아이의 유대를 키울 수 있는 중요한 시기이다. 그리고 이 시기에 시상하부, 편도체, 줄무늬체, 앞이마겉질에서 회색질의 부피가 증가했다. 반대로 안와전두피질, 띠이랑, 섬insula에서는 부피가 감소했다. 이러한 뇌의 변화는 아버지의 행동과 태도의 변화와 연결된다고 여겨지며, 아버지와 자식 사이에 애착 보상을 만들고 유대를 강화한다. 그러나 정확히 어떻게 이 요인들이 서로 연관되어 있는지는 아직 전혀 명확하지 않다.[11]

뇌의 노화

나이가 들면서 대부분의 사람들이 주의력, 학습, 기억, 과제 전환과 같은 영역에서 노화성 정신력 감퇴를 경험한다. 그러나 인지의 다른 측면, 예컨대 사실과 형상 기억, 감정 조절 능력 같은 부분은 대개 개선된다. 이 모든 변화는 적어도 부분적으로는 뇌의 구조와 기능의 점진적 변화로 설명할 수 있다.

노화하는 뇌는 이와 같은 변화를 많이 경험한다. 특히 나이가 들면서 뉴런이 죽어 나가고 백색질의 완전성integrity이 감소하는데, 이는 앞이마겉질과 해마에서 가장 두드러진다. 어떤 이유에서인지 이 부위는 특히 노화에 취약하다. 그 결과 앞이마겉질의 부피가 크게 줄어들고 전반적인 뇌의 무게도 현저히 감소한다.

설치류 연구에 따르면 나이든 쥐는 어린 쥐보다 해마의 시냅스 수가 더 적은데, 이는 기억 손상과 연관된다. 또한 나이든 들쥐는 장기강화가 부족해지고, 장기강화의 역전과 장기억압이 쉽게 일어난다. 해마에서 신경 네트워크의 활력 또한 손상되는데, 이는 공간 학습력 상실로 이어진다.[12]

인체에서 수행된 뇌 촬영 연구에서도 노화와 관련하여 뇌 활동에서의 현저한 차이가 드러났다. 그러나 어떤 결과는 해석하기 어렵다. 예를 들어, 특정 뇌 구역의 활동이 노인에게서 더 활발하여 주어진 실험 과제를 청년보다 잘 수행하는 경우가 있다.

이는 그들의 뇌가 추가적인 신경원을 동원함으로써 노화와 연관된 유해한 변화를 보완하기 때문이라고도 볼 수 있지만, 다르게 보면 정보 처리에서의 비효율성을 반영한 결과일 수도 있다.[13]

이처럼 지난 몇 년간 뇌의 노화에 관해 많은 것을 알게 되었지만, 우리가 관찰한 기능적·구조적 변화가 정신적인 기능 및 행동과 정확히 어떻게 관련이 있는지는 여전히 불분명하다. 그러나 노화성 인지력 감퇴를 뇌에서 일어나는 한 가지 변화로만 설명할 수는 없을 것이다. 앞으로 한 사람이 나이가 드는 과정을 반복해서 촬영하는 종단적 신경 영상 연구가 진행되면 이 분야에서 새롭고 중요한 발견이 이루어질 것이다.

물론 개인차가 있을 수 있다. 우리 모두 나이가 들면 언젠가 인지력 저하를 경험할 것이고 이는 정상적인 노화 과정의 일부다. 대부분의 사람들은 뇌에 알츠하이머의 병리학적 특징 중 하나인 노인반senile plaque이 서서히 축적된다. 노인반은 작은 단백질의 불용성 침전물인 베타 아밀로이드로 이루어지는데, 이 성분은 신경세포 주변의 공간에 쌓인다. 많은 알츠하이머 연구자들은 노인반이 뇌세포에 유독하며, 노인반의 축적이 알츠하이머의 일차적인 원인이라고 믿는다. 그러나 이것이 사실인지는 아직 명확하지 않다. 노인반은 병의 원인이 아니라 결과물일 수도 있다. 오늘날 어떤 과학자들은 실제로 독성이 있는 것은 베타 아밀로이드 단백질 조각이고, 노인반은 이 독성 파편을 격

리함으로써 사실상 뇌세포를 보호한다고 본다.

나이가 들면서 생기는 노인반 침전은 상대적으로 무해한 편이지만, 소수에게는 노화를 가속시켜 병을 일으킨다. 그러나 노화의 영향력에 전혀 휘둘리지 않는 것처럼 보이는 사람들이 있다. 이 '슈퍼에이저Super Ager'들은 기억력 테스트에서 청년들을 능가한다. 사망 직후에 이들을 같은 나이의 건강한 대조군과 비교했더니, 뇌의 어떤 구역에서 노인반의 밀도는 낮고 대뇌겉질은 더 두꺼웠다.[14]

이러한 차이는 유전, 환경, 인생 경험의 조합에서 비롯된다. 예를 들어 슈퍼에이저들은 알츠하이머 위험을 증가시키는 유전 변이의 빈도가 낮다. 또한 운동, 다이어트, 제2언어 및 악기 배우기 등과 같은 활동과 생활양식 역시 알츠하이머 및 다른 형태의 치매를 예방할 것이라는 증거가 늘어나고 있다.[15,16,17]

○

10

결론

약 100년 전에 근대 신경학의 아버지인 산티아고 라몬 이 카할은 성인의 뇌가 "고정되어 있고 절대 불변한다"라고 말했다. 그리고 그의 말은 순식간에 이 분야의 핵심 도그마가 되었다. 그러나 카할 자신은 뇌의 가소적 능력에 대한 관점이 모호했고, 다음과 같이 말함으로써 이 유명한 비관적 주장을 따랐다. "이 가혹한 섭리를 바꾸는 것은, 그것이 가능하다면, 미래의 과학이 할 일이다."

현재까지 알려진 신경가소성

우리가 앞선 장에서 본 것처럼 신경학의 후발 세대들은 뇌의 구조와 기능이 변화하는 다양한 방식을 보여줌으로써 실제로 이 섭리를 바꾸어왔다. 뇌는 고정되어 있기는커녕 대단히 역동적인 구조를 가지고 있으며 발달 시기는 물론 평생에 걸쳐 엄청난 변화를 겪는다. 신경가소성이란 신경계에서 일어나는 변화를 뜻하며 뇌의 구조와 기능이 변하는 모든 과정을 일컫는 총체적인 용어이다. 뇌는 환경에 반응하고 적응하도록 진화했다. 그래서 신경가소성은 신경조직의 내재적인 속성이며 유전에서 행동까지 모든 차원의 단계에서 일어난다.

신경가소성의 메커니즘은 불과 몇 밀리세컨드 지속하는 뉴런의 전기적 속성은 물론이고 수개월, 수년에 걸쳐 점진적으로 진행되는 대규모의 구조적 변화를 모두 아우를 정도로 다양하다. 시냅스 강화, 약화, 형성, 제거와 같은 가소적 변화는 지속적으로 일어난다. 이러한 변화는 학습과 기억에 결정적인 역할을 한다고 여겨진다. 어떤 가소적 변화는 특정 시간과 장소, 또는 특별한 상황에서 발생한다. 예를 들어 신경 발생은 발생 과정에서 광범위하게 일어나지만 성인에서는 크게 제한적인 반면, 주요 겉질 재조직화는 많은 훈련이나 신경 손상의 결과로 일어난다. 같은 메커니즘이라도 언제 어디서 일어나느냐에 따라 다른 효과가 나타날 수 있다. 마찬가지로 같은 효과가 다른 메커니즘 또는 그것들의 조합으로 나타날 수 있다.

다양한 가소성 유형은 별개로 작용하거나 동시에 작용할 수 있고, 각각은 특정 시기에 — 그리고 그 외에 필요할 때면 언제나 — 특정 뇌 영역에서 발생해 뇌가 제대로 발달하게 하고 일상 기능을 정상적으로 유지하며, 학습과 경험을 통해 환경에 적응하게 한다. 그러나 가소성은 대개 시간이 지나면서 감소한다. 뇌는 발생 중에 그리고 어린 시절에 가장 순응성이 크다. 이때는 모든 종류의 환경 자극에 가장 민감할 때이다. 나이가 들면서 순응성이 낮아지면 학습이 점점 더 어려워진다. 여섯 살짜리 아이가 뇌의 절반이 완전히 제거된 후에도 완벽하게 정상적인 삶을 살 수 있는 이유가 바로 이것이다. 그러나 어른은 그럴 수 없다. 뇌의 순응성은 왜 일찌감치 다른 언어를 배운 아이들이 (혹은 악기를 배운 음악가가) 다 커서 그것을 배운 사람들에 비해 뇌가 눈에 띄게 구조적인 변화를 겪는지 설명한다.[1]

일반 대중에게 신경가소성이라는 개념은 긍정적으로 받아들여진다. 그리고 어떤 이들은 신경가소성을 마법에 가까운 치유의 힘이라고 생각한다. 새로운 지식과 기술을 습득하게 하고 치명적인 뇌 손상으로부터 적어도 어느 정도까지는 회복할 수 있게 하는 것이 바로 가소성이기 때문이다. 비록 우리는 가소성을 향상시켜 회복을 촉진하는 방법을 찾기 시작했지만 아직은 초기 실험 단계이고 지금까지 개발된 치료법은 효과가 있더라도 그리 대단하지 않은, 일반적인 효능만 줄 뿐이다. 또한 완전히 밝혀진 것은 아니지만 신경가소성은 분명히 신경 물질의 물리학적 제한을 받는다.

신경가소성은 어떤 병도 고치고 삶을 바꾸고 변화에 대해 무한한 잠재력을 제공하는 마법의 치료법이 아니다. 신경가소성은 부정적인 결과를 낳을 수도 있다. 중독은 학습의 부적응적 형태로 뇌의 보상 및 동기회로 안에서 일어나는 시냅스의 변형으로 일어난다고 여겨진다. 이와 비슷하게 통증 경로에서의 시냅스 변형은 만성 통증을 일으킨다. 그리고 청소년기에 높은 수준으로 유지되는 가소성은 앞이마겉질 발달에 필수적이지만, 동시에 10대가 중독과 정신 질환에 더 취약하게 만든다.

새로운 형태의 신경가소성

진부한 표현을 빌리자면 인간의 뇌는 지금까지 우주에서 알려진 가장 복잡한 물체이다. 따라서 비밀을 쉽게 드러내지 않고, 그래서 신경가소성과 전반적인 뇌의 기능에 관한 우리의 이해는 여전히 매우 미흡하다. 과학자들은 지금까지 알려진 신경가소성 유형들을 이해하려고 애쓰는 한편 계속해서 새로운 메커니즘을 발견하는데, 그중 일부는 뇌가 작동하는 방식에 관한 오래된 편견에 저항한다.

미엘린수초를 예로 들어보자. 미엘린수초는 뇌에서는 희소돌기아교세포에 의해, 말초신경계에서는 슈반세포에 의해 생산되는 지질성 세포조직이다. 뇌에서 희소돌기아교세포가 만든 크고 평평한 미엘린이 단일 축삭 섬유의 짧은 마디 주위를 감싼다. 따라서 뇌의 개별 축삭돌기는 여러 희소돌기아교세포로부터 나오는 수많은 미엘린 조각으로 절연되며, 수초 없이 섬유가 노출된 랑비에결절에 의해 축삭의 마디가 나누어진다. 이러한 배열 덕분에 신경 자극이 한 결절에서 다음 결절로 뛰어넘는 방식으로 이동해 전달 속도가 높아진다.[2]

미엘린 퇴화로 일어나는 다발성 경화증과 소아마비의 파괴적인 결과로 알 수 있듯이 미엘린은 뇌의 신경 자극 전달에 중대한 역할을 한다. 그 중요성을 고려할 때 뇌 전반에서의 미엘린 분포는 대단히 안정적인 것으로 여겨진다. 우리는 지금까지 광범위한 뇌 훈련 또는 뇌졸중과 같은 심각한 손상에 대한 반응으로 신경 경로가 강화되거나 새로운 경로가 생성될 수 있음을 보았다. 두 과정 모두에서 새로 형성된 미엘린이 추가되지만 이는 몇 주, 몇 달, 심지어 더 긴 시간에 걸쳐 점진적으로 일어난다.

그렇지만 동물 연구가 늘어나면서 이제는 미엘린 재분포가 훨씬 짧은 기간에 일어날 수 있다고 여겨진다. 예를 들어 쳇바퀴를 돌도록 단기간 훈련받은 생쥐 성체의 뇌에서 일시적으로 희소돌기아교세포의 생산이 가속화되는데, 이때 이 세포의 성장이 차단되면 새로운 기술을 익히는 과정에 차질이 생긴다.[3] 최근의 다른 연구에 따르면, 신경전달물질의 방출이 개별 희소돌기아교세포에 의해 형성된 미엘린수초의 수를 조절하며, 희소돌기아교세포는 새로 만들어진 미엘린으로 전기적으로 활성화된 축삭돌기부터 감싸는데, 이는 미엘린이 활성 정도에 따라 재배치될 수 있음을 시사한다. 미엘린 분포의 단기적 변화는 멀리 떨어진 뇌 구역 간의 동시성에도 영향을 미칠 수 있는데, 이러한 속성은 정보 처리에서 점차 중요한 측면으로 여겨지고 있다.[4,5]

과학자들은 뇌에 얼마나 많은 종류의 뉴런이 있는지 여전히 논쟁 중이다. 세포 유형은 다양한 방식으로 분류되지만 일단 뇌세포가 발달을 마치면 정체성이 고정된다는 것에 일반적으로 합의한다. 그러나 최근 몇 년 동안 발표된 연구에 따르면 뉴런의 정체성 역시 변할 수 있다. 대부분 뉴런은 한 가지 신경전달물질만을 합성, 방출한다고 여겨졌으므로 어떤 물질을 사용하느냐에 따라 '도파민 작동성', 'GABA 작동성', '글루타메이트 작동성'으로 분류되었다. 그러나 적어도 몇몇 뉴런은 하나 이상의 신경전달물질을 사용하고 더 놀라운 것은 성숙한 뉴런이 신경전달물질을 교체하여 흥분성 시냅스를 억제성 시냅스로 혹은 그 반대로 바꿀 수 있다는 것이 분명해졌다.[6]

또한 뉴런은 전기적 속성에 따라 분류할 수도 있다. 예를 들어 시각겉질에서 임계기의 폐쇄를 제어하는 사이뉴런인 바구니세포에는 20종류가 있다고 여겨지는데, 가장 잘 알려진 것은 반응 시간대에 따라 '발화 속도가 빠른fast-spiking', '발화 속도가 느린slow-spiking' 사이뉴런으로 분류된 것들이다. 그러나 이 세포들 역시 신경 활성에 반응해 빠른 것과 느린 것 사이에서 전환할 수 있다는 것이 밝혀졌다. 이 세포들은 지속적으로 신경망 활성을 조정할 뿐만 아니라, 세포핵으로 들어가 (점화 속도를 결정하는) 칼륨 통로의 발현을 조절하는 단백질을 이용해 점화 속성을 바꾸는 것처럼 보인다. 이는 겉보기에 제각각인 20종의 바구니세포들이 실은 모두 동일하고 활성 정도에 따라 지속적으로 바뀌는 것임을 보여준다. 바구니세포는 신경망의 활성을 조정하는 네트워크를 형성한다. 따라서 이러한 정체성 전환 메커니즘은 특정 신경망 안에서 빠른 점화와 느린 점화의 비율을 변경하는 방식으로 뉴런 집단 역학에 큰 영향을 줄 수 있다.[7]

이와 같은 메커니즘의 다양성 때문에 신경과학자들은 여전히 신경가소성을 완벽하게 정의하지 못하고 따라서 일반적인 이론도 아직 세워지지 않았다. 그래서 여전히 많은 질문이 남아 있다. 예를 들어, 서로 다른 형태의 가소적 변화들이 사실은 밑바탕에서 어떤 공통된 메커니즘으로 연결되어 있는 것은 아닐까? 따라서 특정 경험이 여러 단계의 조직화를 거쳐 서로 연관된 변화들을 유도하는 것은 아닐까? 또는 특정 타입의 가소성이 다른 것과 관계없이 독립적으로 일어나는 상황이 있을까? 이런 질문들은 대답하기 어려운데 왜냐하면 과학자들은 실험동물의 뇌에서 세포 차원의 변화를 조사하기 위해 현미경을 사용하고 인간을 대상으로 대규모의 구조적 변화를 시각화하기 위해 뇌 영상 기법을 사용하긴 하지만 (지금까지는) 뇌가 조직되는 여러 단계에서 일어나는 변화를 동시에 분석할 수는 없기 때문이다.[8]

신경과학자들이 최종적으로 희망하는 것은 분자 수준의 사건과 행동 및 사고 과정 사이에 다리를 놓아 이들이 서로 어떻게 연관되어 있는지 이해하는 것이다. 과학자들은 점차 뇌를 서로 얽히고설킨 수백 개의 '허브'를 포함하는 방대한 네트워크로 보고 있으며, 다양한 수준에서 뇌의 연결을 지도화하는 데 엄청난 돈과 노력이 들어가고 있다. 작은 스케일로 보면 뇌의 연결이 지속적으로 변하는 것처럼 보이지만, 크게 보면 좀 더 안정적이다. 그러나 우리가 지금까지 보았듯이 장거리 백색질 경로처럼 보기에 안정적인 구조라도 더 장기적으로 보면 변화할 수 있다.[9]

그러므로 신경가소성은 뇌 연결을 지도화하는 데에 장애물이 된다. 왜냐하면 어떤 종류의 변화가 우리의 행동에 가장 밀접한 상관관계가 있는지 아직 확실치 않기 때문이다. 또는 어떤 스케일의 연결이 지도화하기에 가장 유용한지도 명확하지 않다. 더 나아가 개인의 뇌 사이에는 공통점도 많지만 중요한 차이들이 있다. (이것은 신경가소성에서도 마찬가지다.) 그것은 바로 개인마다 뇌가 지닌 가소적 변화의 용량이 다르다는 것이다. 따라서 같은 경험이라도 사람마다 다른 수준의 신경가소성을 유도하고 다른 종류의 가소적 변화가 일어난다.

따라서 사람이 시력이나 청력을 잃었을 때 일어나는 신경가소적 변화가 잘 입증되긴 했어도(1장 참조), 때로 과학자들은 이런 변화가 일어나지 않는 환자의 경우도 기술한다. 예를 들어 미국 심리학 연구팀은 최근에 M.M.이라는 환자의 사례를 설명했는데, 그는 3세부터 46세까지 시력을 잃은 상태였다. 그러다 2000년에 각막 이식과 줄기세포 수술을 받고 한쪽 눈에서 시력을 회복했다. 그러나 수술 이후 2년 동안 진행된 연구에 따르면 그는 여전히 약시가 심했고, 10년이 지난 다음에는 물체와 얼굴을 인지하는 능력이 심각하게 손상된 상태였다.[10]

사실 개별 뇌에서 구조적·기능적 차이는 아마 유사점보다 클 것이다. 모든 뇌가 서로 같을 수 없으므로 '교과서적인 뇌'라는 것은 없다. 각자의 뇌는 매우 특별하고 엄마의 자궁에 있을 때부터 경험한 바에 따라 맞춤 제작되어 오늘날 우리가 요구하는 것에 응한다. 그러므로 신경가소성은 우리를 인간으로 만드는, 그리고 각자를 다른 누구와도 다르게 만드는 핵심에 자리한다.

○

해제
....

'인간의 뇌는 아름답게 설계된 최적의 생물학적 장치이며, 완벽
한 디자인이다.'

'인간의 뇌는 고성능 컴퓨터보다 강력하고 놀라울 정도로 효
율성을 지닌, 1.4킬로그램의 경이로운 생물 기관이다.'

우리는 방송매체나 신문, 잡지를 통해 흔히 이런 표현을 접한
다. 이는 신비롭고 복잡한 뇌를 추켜세우는 말로 들린다. 뇌가
마음과 같은 고위 인지기능의 발원지인 것은 사실이지만, 최적
의 설계이니 효율적인 기관이니 하는 말은 사실일까? 그렇지
않다. 오히려 뇌는 '최적의 기계가 아니라 긴 진화의 역사 속에
서 만들어진 임시변통의 해결책'이며, '과거의 부품 위에 새 부
품을 짜 맞추어 엉성하게 설계된 비효율적이고 기묘한 덩어리'
라는 표현이 신경과학적으로는 더 정확한 표현이다.

인간의 뇌는 단단한 두개골 속에 자리잡고 있다. 순두부처럼

말랑말랑한 뇌의 무게는 약 1300~1500그램 정도이며 크기는 잘 익은 멜론 정도에 불과하다. 그리고 신경계의 구조적 · 기능적 단위는 신경세포, 즉 뉴런이다. 뇌에는 약 800억~1000억 개의 신경세포가 있고, 신경세포 하나는 평균적으로 만 개 정도의 다른 신경세포와 연접하여 시냅스를 이루고 있다고 추정되므로 뇌에는 총 800조~1000조 개의 시냅스가 있을 것으로 여겨진다. 신경세포는 시냅스의 좁은 틈으로 도파민과 같은 신경전달물질을 분비하고, 전기화학적 신호를 통해 다른 신경세포와 대화한다. 뇌에는 신경세포 이외에도 신경아교세포가 있다. 신경아교세포의 수는 신경세포 수보다 10배나 많다고 알려져 있다. 이토록 복잡한 신경계는 흔히 밤하늘에 빛나는 별보다 많은 우주에 비유되곤 한다. 아무리 고성능인 컴퓨터라 할지라도 구조적 복잡성과 기능적 정교함에서 뇌신경회로망과는 비교가 되지 않는다. 인간 뇌의 복잡성은 가히 상상을 초월한다. 이것이 바로 두 귀 사이의 뇌를 소우주라고 말하는 이유이기도 하다.

신경세포는 진화사에서 최근에 생겨난 부품이 아니다. 인간의 신경세포는 초파리나 예쁜꼬마선충의 신경세포와 구조와 기능은 거의 같다. 신경세포의 모양과 크기는 다양하지만 몇 가지 공통점이 있다. 세포핵의 크기는 약 20마이크론 정도이며 세포체에서 뻗어 나온 수많은 수상돌기와 길고 가는 축삭 하나가 있으며 이들은 다른 신경세포와 연접하여 신경회로망의 배선 구조를 이루고 있다. 신경세포의 전기적 활성은 결국 나트륨이나 칼륨, 칼슘이온 등의 채널이 열리고 닫힐 때 걸리는 시간에 의존한다. 발화 속도는 초당 약 400스파이크 정도로 컴퓨터 CPU의 연산속도(100억 스파이크/초)에 비해서 터무니없이 낮은 수준이다. 축삭을 따라 이동하는 전류의 전도속도도 시간당 약 100마일 정도로 컴퓨터의 전자 흐름 속도에 비하면 상대가 되지 않는다. 신경세포는 믿을 수 없을 만큼 느리고 비효율적인 프로세서다. 이런 신경세포의 특징을 가진 뇌에 대해 최적의 효율성을 지닌 완벽한 구조라고 말할 수 있는가? 뇌는 오히려 구닥다리 부품으로 조립된 엉성한 구조라고 할 수 있다. 중요한 점은 이런 빈약한 부품이 1000억 개나 모여 1000조 개의 시냅스를 이루며, 이들이 방대한 병렬식 배선을 구성하고 있다는 점이다. 또한 이 엄청난 신경망에서 환경과 학습에 따라 시냅스 강도와 패턴이 변조되는 덕분에 뇌가 고위 뇌기능을 수행할 수 있다고 추정된다. 한마디로 말하면, 신경가소성 때문이다.

1949년 캐나다의 맥길대 심리학자 도널드 헵은 《행동의 구조》에서 신경가소성을 주장했다. 여러 신경세포들이 반복적이고 지속적으로 함께 활성화되면 신경세포 간의 시냅스에서 물리적인 변화가 야기될 것이라는 가설이었다. 이때 대사활성은 물론 시냅스의 구조적 변화가 수반되리라고 가정할 수 있다. 반면, 동시적 활성이 일어나지 않는 조건에서는 신경세포 간의 시냅스 연결이 약화되거나 소멸될 수도 있을 것이다. 한마디로 요약하면, '신경세포가 함께 발화하면 배선이 생긴다Fire together, Wire together'는 것이다. 이 가설이 제안되었을 때는 어떤 신경과학적 증거도 없었으나, 이런 원리가 작동한다면 학습에 의한 기억, 신경망의 재구성 등을 포괄적으로 설명할 수 있을 것으로 예측하였다. 따라서 20세기 중반 이후 신경과학의 발전은 신경가소성의 실험적 증거를 발견해나가는 탐험의 여정이었다고 해도 과언이 아니다.

1970년대에 영국의 신경과학자 티모시 블리스와 노르웨이의 테레 뢰모는 학습과 기억을 관장하는 해마에서 장기강화를 최초로 관찰하였다. 그 이후 많은 학자들에 의해 장기강화는 해마 조직절편에서도 연구되었다. 해마의 CA1 지역 피라미드 신경세포는 쉐퍼 측가지Schaffer collateral 신경섬유와 시냅스를 이루고 있는데, 이 쉐퍼 측가지에 고빈도의 강축 자극을 일정 시간 주었을 때 피라미드 신경세포의 시냅스후 전류가 증가된 상태가 관찰되었으며 이 현상을 장기강화라고 한다. 시냅스의 효율이 증가된 장기강화는 몇 시간 때론 며칠까지 유지되었다. 그 이후 많은 과학자들에 의해 장기강화의 분자세포생물학적 기작이 밝혀졌다. 즉, 흥분성 신경전달물질인 글루탐산이 시냅스전 신경세포에서 분비되어 시냅스틈을 지나 이온성 수용체인 NMDA 수용체와 결합하면 이 수용체의 이온 통로를 막고 있는 마그네슘 이온을 제거하게 되어 탈분극이 유도되고 또 다른 AMPA 수용체가 글루탐산과 결합하여 활성화된다. NMDA 수용체를 통해 들어온 칼슘 이온은 단백질 인산화 효소를 활성화하여 세포막에 위치한 AMPA 수용체의 효율을 변화시킴과 동시에 AMPA 수용체를 모집하여 세포막으로 이동시킴으로써 시냅스후 신경세포에서 장기강화를 장기간 유지시킨다. 이 실험은 도날드 헵의 신경가소성 이론을 실험적으로 증명한 결과이다. 스냅스후 신경세포의 NMDA 수용체가 결국 상관활성을 감지하는 센서라는 점, 이러한 상관활성을 통하여 시냅스 효율이 강화되었다는 점이 주된 맥락이다. 이 장기강화 현상은 성체의 뇌에서뿐만 아니라 신경 발생 과정에서도 일어난다는 사실 등이 후속연구로 밝혀지게 되었다.

장기강화와 반대되는 현상을 장기억압이라고 하는데 이 현상은 저명한 신경과학자인 마사오 이토 교수에 의해 미세한 운동, 학습에 중요한 부위인 소뇌에서 최초로 연구되었다. 저빈도 자극을 소뇌의 평행섬유와 등반섬유에 동시에 걸어주었을 때 퍼킨지 섬유Purkinje fiber의 시냅스후 활성이 억압·저하되는 현상을 발견했으며 이는 시냅스 효율이 감소·약화된 상태가 장기간 유지됨을 의미한다.

많은 신경과학자들이 장기강화와 장기억압은 해마나 소뇌뿐 아니라 뇌의 모든 부위에서 일어남을 밝혔다. 장기강화와 장기억압은 기존 시냅스의 결합 강도에 변화를 줄 뿐만 아니라 새로운 시냅스의 형성 혹은 소멸의 원인이 된다는 사실이 밝혀졌다. 또 이 시냅스 효율의 변화는 새로운 유전자 발현에 의해 새로운 단백질을 합성하게 하며 신경 축삭의 가지치기나 가지돌기의 분지와 같은 형태학적·구조적 변화로 이어지므로 특정 신경회로망이 가소적으로 재구성될 수 있음을 시사한다. 결론적으로 신경가소성은 신경기능을 설명하는 데 가장 본질적이고 보편적인 개념이며 이를 근간으로 기억, 학습, 사고 등 뇌의 다양한 고위 인지기능을 설명할 수 있는 토대가 마련되었다.

19세기에 이르러서도 신경계는 '원형질의 그물망' 정도로밖에 인식되지 않았으나 20세기 초에 현대 신경과학은 학문으로서의 체계와 기반이 구축되었다. 인류 역사상 가장 위대한 신경해부학자인 산티아고 라몬 이 카할(1906년 노벨생리의학상 수상)과 걸출한 신경생리학자인 찰스 쉐링턴(1932년 노벨생리의학상 수상)에 의해 뉴런이 뇌와 척수의 구조적·기능적 단위라는 주장을 골자로 하는 '뉴런주의neuron doctrine'가 완성되었다. 뇌의 작동 메커니즘은 여전히 베일에 싸여 있었으나, 20세기 중반에 이르러서부터 블랙박스의 한 모퉁이가 무너지기 시작하였다. 현재 연구자들은 유전자 재조합 기법, 단일 이온 통로의 활성을 측정하는 전기생리학적 방법 등을 통해서 수많은 신경전달물질과 수용체, 이들을 조절하는 유전자들의 놀랍도록 정교한 분자협

주곡을 분석하여 고위 뇌 인지기능의 단서를 찾으려 한다. 오늘 날 신경과학의 추세를 한마디로 요약하면 '유전자에서 행동까지'라고 말할 수 있겠다.

최근에는 전 세계적으로 뇌의 연결을 총체적으로 분석하려는 커넥톰connectome 연구가 화두이다. MRI, PET, DTI와 같은 뇌 영상 기술의 발달로 뇌 속을 자세히 들여다볼 수는 있으나 전자 현미경적 미세구조까지 밝히지는 못하는 실정이다. 복잡한 신경회로망의 정보처리 제어 메커니즘, 네트워크 간의 상호작용을 규명하려는 시스템적 연구는 궁극적으로 인간 뇌 지도, 나아가 마음의 지도를 밝히는 데 공헌할 것이다. 또한 최근에는 뇌의 정보처리 메커니즘을 컴퓨터나 기계적 구동에 활용하려는 이른바 뇌-컴퓨터 접속기술brain-computer interface, BCI 혹은 뇌-기계 접속기술brain-machine interface, BMI 연구가 활발하다. 고집적 병렬신경활성도 측정방법과 초고속 소형 컴퓨터의 발달로 과거에 치료가 불가능했던 척수 손상은 물론 뇌질환 치료를 위한 재활 방법과 새로운 의료용구 개발이 머지않은 장래에 가능해질 것으로 기대된다. 소우주인 뇌, 스마트한 뇌smart brain의 작동 메커니즘을 이해하고, 나아가 뇌질환의 예방과 진단 및 치료기술의 개발, 인간의 사고 과정과 유사한 지능적 정보처리기술을 개발하여 산업적으로 활용하고자 하는 시도는 21세기 과학과 기술 분야에서 가장 중요한 도전이다.

모헤브 코스탄디는 세계적으로 잘 알려진 신경과학 프리랜서이다. MIT 출판사가 출판한 《신경가소성》은 비록 짧은 단행본이지만 신경가소성의 개념을 명료하고 깔끔하게 설명한 수작이다. 가소성이라는 개념의 간략한 역사에서 시작하여 발생 가소성, 시냅스가소성, 신경회로의 재배선, 신경계통 손상의 재활, 감정조절, 중독, 통증에 이르기까지 재미있게 설명하고 있다. 신경과학의 핵심 주제인 '신경가소성'을 체계적으로 다루는 이 책은 현대 신경과학의 흐름과 맥락을 이해하는 입문서로도 부족함이 없다. 일독을 강력히 권한다.

2019년 11월
김경진

용어설명

AMPA수용체AMPA receptor
여러 개의 소단위로 구성된 속효성 비非 NMDA 글루타메이트 수용체.

DNA
디옥시리보핵산. 세포 핵 안에 들어 있는 이중나선 구조의 분자로 유전 정보를 운반한다.

NMDA 수용체NMDA receptor
작용 속도가 빠른 수용체로 다수의 하위 구조로 만들어졌고 장기강화(LTP)에 매우 중요
하다.

가지돌기dendrite, **수상돌기**
신경섬유의 두 종류 중 하나로 여기에서 뉴런이 다른 세포가 보내는 화학 신호를 받는다
(축삭돌기 참조).

가지돌기가시dendritic spine
뇌에서 흥분성 시냅스의 시냅스후막을 형성하는 가지돌기 위에 튀어나온 작은 돌기.

가지치기pruning
원하지 않는 시냅스를 제거하는 방식으로 미세아교세포에 의해 수행된다.

경두개 자기자극술transcranial magnetic stimulation
일종의 비 침습성 뇌 자극법으로 자기장을 이용해 뇌의 특정 부위에서 활동을 조정한다.

글루타메이트glutamate
흥분성 신경전달물질인 아미노산으로, AMPA, NMDA, 카이네이트 수용체에 작용한다.

뇌들보corpus callosum, **뇌량**

뇌의 좌반구와 우반구를 연결하는 엄청난 양의 신경섬유 다발.

뇌전도electroencephalography, EEG

두피 전극을 사용해 뇌파를 측정하는 뇌 영상 기법.

뉴런neuron, **신경세포**

뇌세포의 한 유형으로 신경 자극을 생성하고 신경전달물질을 방출하는 일을 전문으로 한다. 인간의 뇌에 수백 또는 수천 가지 종류가 있는데, 대부분 세포체, 하나의 축삭 섬유, 다수의 가지를 뻗은 가지돌기, 이렇게 세 가지 기본 요소로 구성된다.

대뇌겉질cerebral cortex, **대뇌피질**

뇌에서 겉으로 드러난 부분으로 이마엽, 관자엽, 마루엽, 뒤통수엽으로 나뉜다.

도파민dopamine

신경전달물질. 대부분 중뇌에서 합성되며 동작, 보상, 동기, 및 기타 수많은 다른 기능과 연관된다.

말초신경계peripheral nervous system

신경계의 두 주요 하위 조직 중 하나로 뇌와 척수를 제외한 바깥 부위의 신경절과 말초 신경으로 구성된다(중추신경계 참조).

미세아교세포microglia

신경아교세포의 일종으로 뇌에 상주하는 면역세포로 작용하여 손상된 세포조직과 병원 균을 청소하고, 원치 않는 시냅스를 솎아낸다.

미엘린수초myelin

희소돌기아교세포에 의해 합성되는 지질조직으로 축삭돌기 주위를 감싸 신경 자극이 효 율적으로 이동하게 한다.

배쪽피개ventral tegmentum

중뇌에 위치한 부위로 신경전달물질 도파민을 생산하는 뉴런을 포함하고 뇌의 보상 경 로의 일부를 구성한다.

백색질white matter
신경계에 존재하는 두 종류의 세포조직 중 하나로, 미엘린으로 감싸진 신경섬유와 신경
아교세포로 구성되며 현미경 아래에서 흰색으로 보인다(회색질 참조).

별아교세포astrocyte, **성상아교세포**
뇌와 척수에서 발견되는 별 모양의 아교세포로 다양한 방식으로 뉴런을 지지하고 신경
화학전달 과정을 조절한다. 별아교세포는 뇌에서 가장 많은 세포이다.

세로토닌serotonin
모노아민 계열의 신경전달물질로 아미노산 트립토판에서 합성되고 식욕과 기분의 조절
을 포함해 여러 기능이 있다.

세포체cell body
뉴런에서 축삭돌기와 가지돌기가 나오는 부분으로 핵과 단백질 합성 장치가 들어 있다.

소뇌cerebellum
작은 뇌. 동작, 조정, 운동 기술 학습에 중요한 역할을 하며, 인지 기능에도 기여한다.

슈반세포Schwann cell
말초신경계에서 미엘린수초를 형성하는 아교세포.

시냅스synapse
두 신경세포 사이의 미세한 연접으로 너비가 40억분의 1미터에 불과하고 이곳에서 신경
화학전달이 이루어진다.

시냅스소포synaptic vesicle
신경 말단에서 발견되는 막으로 둘러싸인 구체로 신경전달물질을 저장하고 신경 자극에
반응해 시냅스틈으로 신경전달물질을 방출한다.

시냅스전막presynaptic membrane
시냅스의 구성 요소로 여기에서 신경전달물질이 방출된다.

시냅스후막postsynaptic membrane

시냅스의 구성 요소로 시냅스전막에서 방출된 신경전달물질 분자의 수용체를 포함한다.

신경 근육 접합부neuromuscular junction

신경과 근육 사이의 시냅스. 여기에서 운동뉴런이 아세틸콜린을 분비한다.

신경 말단nerve terminal

축삭의 끝부분. 이곳에서 시냅스소포가 신경전달물질을 분비한다.

신경 자극nervous impulse

신경세포에 의해 생성되는 전기 신호로 신경세포막을 사이에 두고 전압이 역전되어 발생하고, 세포체 가까이에서 시작해 축삭돌기를 따라 신경 말단까지 전파된다.

신경아교세포glial cell, **아교세포, 교세포**

신경계에 존재하는 다양한 비신경세포를 포괄하는 용어로 별아교세포, 미세아교세포, 희소돌기아교세포가 있다. 뉴런에 영양분을 제공하고 구조적으로 지지하며 정보 처리에도 필수인 역할을 한다.

신경전달물질neurotransmitter

신경세포가 서로에게 신호를 전달할 때 사용하는 작은 화학 전령체. 아세틸콜린, 도파민, 세로토닌을 비롯해 뇌에서 백 가지 이상의 신경전달물질이 생산된다.

신경절ganglion

비슷한 기능을 수행하는 신경세포 무리.

신경화학전달neurochemical transmission

신경세포들이 서로 소통하는 과정으로 시냅스전막에 있는 시냅스소포로부터 신경전달물질의 방출, 시냅스를 통한 신경전달물질의 확산, 시냅스후막에 삽입된 수용기와의 결합이 이 경로의 일부다.

아세틸콜린acetylcholine

신경 근육 접합부 및 특정 뇌 시냅스에서 분비되는 신경전달물질.

장기강화long-term potentiation, LTP

시냅스 연결이 강화되는 과정으로 학습과 기억의 신경쪽 토대로 여겨진다.

중간변연 경로mesolimbic pathway

뇌의 '보상 경로'. 배쪽피개에서 도파민을 생산하는 뉴런으로 구성되며 중격핵으로 축삭 섬유를 투사한다.

중격핵nucleus accumbens

뇌의 보상 체계의 일부로 여기에서 방출하는 도파민의 양에 따라 자극에 대한 가치가 매겨진다.

중뇌midbrain

작지만 뇌를 구성하는 주요 하위 구조 중 하나로 뇌줄기에 위치하면서 안구 운동, 시각 및 청각 반사와 같은 수많은 기능을 통제하고 도파민을 합성하는 여러 별개의 부위가 포함된다.

중추신경계central nervous system

신경계의 두 주요 하위 조직 중 하나로 뇌와 척수를 포함한다(말초신경계 참조).

축삭돌기axon, 축색

신경섬유의 두 종류 중 하나로 신경 자극이 축삭돌기를 따라 신경 말단으로 전파된다(가지돌기 참조).

편도체amygdala

내측 관자엽에 위치한 아몬드 모양의 작은 부위로 공포를 비롯한 감정의 처리를 담당한다.

해마hippocampus

내측 관자엽의 일부로 기억 형성에 매우 중요하다.

핵nucleus

막으로 둘러싸인 세포 소기관으로 DNA 형태로 유전 정보를 저장한다.

회색질 gray matter, 회백질

신경세포의 두 가지 종류 중 하나로 뉴런의 세포체 대부분을 구성하고 현미경 아래에서 어두운 색으로 보인다(백색질 참조).

흑색질 substantia nigra

중뇌에 위치한 작은 핵으로 뇌에서 생산되는 도파민의 대부분을 합성한다.

희소돌기아교세포 oligodendrocyte

신경아교세포의 한 유형으로 뇌와 척수에서 발견되고 미엘린을 생산한다(슈반세포 참조).

○

주

1장
1. Rosenzweig, M. R. 1996. Aspects of the search for neural mechanisms of memory. *Annual Review of Psychology* 47: 1-32.
2. Costandi, M. 2006. The discovery of the neuron. *Neurophilosophy* blog, 29 August, 2006. https://neurophilosophy.wordpress.com/2006/08/29/ the-discovery-of-the-neuron/.
3. Rosenzweig, M. R. 1996. Aspects of the search for neural mechanisms of memory. *Annual Review of Psychology* 47: 1-32.

2장
1. Finger, S. 1994. *Origins of Neuroscience: A History of Explorations into Brain Function.* Oxford University Press.
2. Costandi, M. 2008. Wilder Penfield: Neural cartographer. *Neurophilosophy* blog. https://neurophilosophy.wordpress.com/2008/08/27/wilder_penfield_ neural_cartographer/.
3. Bach-y-Rita, P., C. C. Collins, F. A. Saunders, B. White, and L. Scadden. 1969. Visual substitution by tactile image projection. *Nature* 221(5184): 963-964.
4. Thaler, L., S. R. Arnott, and M. A. Goodale. 2011. Neural correlates of natural human echolocation in early and late blind echolocation experts. *PLoS ONE* 6(5): e20162. DOI: 10.1371/journal.pone.0020162.
5. Striem-Amit, E., and A. Amedi. 2014. Visual cortex extrastriate body-selective area activation in congenitally blind people "seeing" by using sounds. *Current Biology* 24(6): 687-692.
6. Voss, P., and R. J. Zattore. 2012. Organization and reorganization of sensory-deprived cortex. *Current Biology* 22(5): R168-173.
7. Sadato, N. 2005. How the blind "see" braille: Lessons from functional magnetic resonance imaging. *Neuroscientist* 11(6): 577-582.
8. Lyness, R. C., I. Alvarez, M. I. Sereno, and M. MacSweeney. 2014. Microstructural differences in the thalamus and thalamic radiations in the

congenitally deaf. *NeuroImage* 100: 347-357.

9.   Ward, J., and T. Wright. 2014. Sensory substitution as an artificially acquired synaesthesia. *Neuroscience and Biobehavioral Reviews* 41: 26-35.

10.   Zembrzyckia, A., C. G. Perez-Garcia, C.-F. Wang, S.-J. Choub, and D. D. M. O'Leary. 2014. Postmitotic regulation of sensory area patterning in the mammalian neocortex by Lhx2. *Proceedings of the National Academy of Sciences* 112(21): 6736-6741.

3장

1.   Purves, D., and J. W. Lichtman. 1985. *Principles of Neural Development*. Sinaeur.

2.   Hamburger, V., and R. Levi-Montalcini. 1949. Proliferation, differentiation and degeneration in the spinal ganglia of the chick embryo under normal and experimental conditions. *Journal of Experimental Zoology* 111(3): 457-502.

3.   Cohen, S., R. Levi-Montalcini, and V. Hamburger. 1954. A nerve growth stimulating factor isolated from sarcomas 37 and 180. *Proceedings of the National Academy of Sciences* USA 40(10): 1014-1018.

4.   Aloe, L. 2004. Rita Levi-Montalcini: The discovery of nerve growth factor and modern neurobiology. *Trends in Cell Biology* 14 (7): 395-399.

5.   Harrington, A. W., and D. D. Ginty. 2013. Long-distance retrograde neurotrophic factor signaling in neurons. Nature *Reviews Neuroscience* 14(3): 177-187.

6.   Yamaguchi, Y., and M. Miura. 2015. Programmed cell death in neurodevelopment. *Developmental Cell* 32 (4): 478-490.

7.   Kandel, E. R., J. H. Schwartz, and T. M. Jessell. 1995. *Essentials of Neural Science and Behavior*. Appleton & Lange.

8.   Webb, S. J., C. S. Monk, and C. A. Nelson. 2001. Mechanisms of postnatal neurobiological development: Implications for human development. *Developmental Neuropsychology* 19(2): 147-171.

9.   Petanjek, Z., M. Judaš, G. Šimić, M. L. Rašin, H. B. M. Uylings, P. Rakic, and I. Kostović. 2011. Extraordinary neoteny of synaptic spines in the human prefrontal cortex. *Proceedings of the National Academy of Sciences* 108(32): 13281-13286.

10.   Selemon, L. D. 2013. A role for synaptic pruning in the adolescent development of executive function. *Translational Psychiatry* 3: e238.

11.   Hubel, D. H. and T. N. Wiesel 1959. Receptive fields of single neurones in the cat's striate cortex. *Journal of Physiology* 148(3): 574-591.

12.   Hubel, D. H., and T. N. Wiesel. 1962. Receptive fields, binocular interaction

and functional architecture in the cat's visual cortex. *Journal of Physiology* 160(1): 106-154.

13. Hubel, D. H., and T. N. Wiesel. 1965. Binocular interaction in striate cortex of kittens reared with artificial squint. *Journal of Neurophysiology* 28(6): 1041-1059.

14. Wiesel, T. N., and D. H. Hubel. 1965. Extent of recovery from the effects of visual deprivation in kittens. Journal *of Neurophysiology* 28(6): 1060-1072.

15. Sugiyama, S., A. A. Di Nardo, S. Aizawa, I. Matsuo, M. Volovitch, A. Prochiantz, and T. K. Hensch. 2008. Experience-dependent transfer of Otx2 homeoprotein into the visual cortex activates postnatal plasticity. *Cell* 134(3): 508-520.

16. Hensch, T. K. 2005. Critical period mechanisms in developing visual cortex. *Current Topics in Developmental Biology* 69: 215-237.

17. Southwell, D. G., R. C. Froemke, A. Alvarez-Buylla, M. P. Stryker, and S. P. Gandhi. 2010. Cortical plasticity induced by inhibitory neuron transplantation. *Science* 327(5969): 1145-1148.

18. Bardin, J. 2012. Unlocking the brain. *Nature* 487(7405): 24-26.

4장

1. Kandel, E. R., J. H. Schwartz, and T. M. Jessell. 1995. *Essentials of Neural Science and Behavior*. Appleton & Lange.

2. Sheng, M., and E. Kim. 2011. The postsynaptic organization of synapses. *Cold Spring Harbor Perspectives in Biology* 3: a005678.

3. Südhof, T. C. 2013. A molecular machine for neurotransmitter release: Synaptotagmin and beyond. *Nature Medicine* 19(10): 1227-1231.

4. Kandel, E. R., J. H. Schwartz, and T. M. Jessell. 1995. *Essentials of Neural Science and Behavior*. Appleton & Lange.

5. Sheng, M., and E. Kim. 2011. The postsynaptic organization of synapses. *Cold Spring Harbor Perspectives in Biology* 3: a005678.

6. Rosenzweig, M. R. 1996. Aspects of the search for neural mechanisms of memory. *Annual Review of Psychology* 47: 1-32.

7. Bliss, T. V., and T. Lømo. 1973. Long-lasting potentiation of synaptic transmission in the dentate area of the anaesthetized rabbit following stimulation of the perforant path. *Journal of Physiology* 232(2): 331-356.

8. Kandel, E. R., J. H. Schwartz, and T. M. Jessell. 1995. *Essentials of Neural Science and Behavior*. Appleton & Lange.

9. Malenka, R. C. 2003. The long-term potential of LTP. *Nature Reviews Neuroscience* 4(11): 923-926.

10. Malinov, R., and R. C. Malenka. 2002. AMPA receptor trafficking and synaptic plasticity. *Annual Review of Neuroscience* 25: 103-126.
11. Sheng, M., and E. Kim. 2011. The postsynaptic organization of synapses. *Cold Spring Harbor Perspectives in Biology* 3: a005678.
12. Lüscher, C., and R. C. Malenka. 2011. Drug-evoked synaptic plasticity in addiction: From molecular changes to circuit remodeling. *Neuron* 69(4): 650-663.
13. Morris, R. G., E. Anderson, G. S. Lynch, and M. Baudry. 1986. Selective impairment of learning and blockade of long-term potentiation by an N-methyl- D-aspartate receptor antagonist, AP5. *Nature* 319(6056): 774-776.
14. Tonegawa, S., M. Pignatelli, D. S. Roy, and T. J. Ryan. 2015. Memory engram storage and retrieval. *Current Opinion in Neurobiology* 35: 101-109.
15. Yuste, R. 2015. The discovery of dendritic spines by Cajal. *Frontiers in Neuroanatomy* 9(18). DOI: 10.3389/fnana.2015.00018.
16. Sala, C., and M. Segal. 2014. Dendritic spines: The locus of structural and synaptic plasticity. *Physiological Review* 94(1): 141-188.
17. Lamprecht, R., and J. LeDoux. 2004. Structural plasticity and memory. *Nature Reviews Neuroscience* 5(1): 45-54.
18. Cichon, J., and W. B. Gan. 2006. Branch-specific dendritic Ca2+ spikes cause persistent synaptic plasticity. *Nature* 520(7546): 180-185.
19. Nimchinsky, E. A., B. L. Sabatini, and K. Svoboda. 2002. Structure and function of dendritic spines. *Annual Review of Physiology* 64: 313-353.
20. Allen, N. J. 2014. Synaptic plasticity: Astrocytes wrap it up. *Current Biology* 24(15): R697-699.
21. Tremblay, M.-È., B. Stevens, A. Sierra, H. Wake, A. Bessis, and A. Nimmerjahn. 2011. The role of microglia in the healthy brain. *Journal of Neuroscience* 31(45): 16064-16069.

5장

1. Costandi, M. 2006. The discovery of the neuron. *Neurophilosophy* blog, 29 August, 2006. https://neurophilosophy.wordpress.com/2006/08/29/ the-discovery-of-the-neuron/.
2. Gross, C. G. 2012. *A Hole in the Head: More Tales in the History of Neuroscience*. MIT Press.
3. Altman, J., and G. D. Das. 1965. Autoradiographic and histological evidence of postnatal hippocampal neurogenesis in rats. *Journal of Comparative Neurology* 124(3): 319-336.

4. Kaplan, M. S. 1981. Neurogenesis in the 3-month-old rat visual cortex. *Journal of Comparative Neurology* 195(2): 323-338.

5. Costandi, M. 2012. Fantasy fix. *New Scientist* 213(2854): 38-41.

6. Ibid.

7. Nottebohm, F. 1981. A brain for all seasons: Cyclical anatomical changes in song control nuclei of the canary brain. *Science* 214(4527): 1368-1370.

8. Gould, E., and C. G. Gross. 2002. Neurogenesis in adult mammals: Some progress and problems. *Journal of Neuroscience* 22(3): 619-623.

9. Reynolds, B. A., and S. Weiss. 1992. Generation of neurons and astrocytes from isolated cells of the adult mammalian central nervous system. *Science* 255(5052): 1707-1710.

10. Costandi, M. 2012. Fantasy fix. *New Scientist* 213(2854): 38-41.

11. Braun, S. M., and S. Jessberger. 2014. Adult neurogenesis: Mechanisms and functional significance. *Development* 141(10): 1983-1986.

12. Gould, E., and C. G. Gross. 2002. Neurogenesis in adult mammals: Some progress and problems. *Journal of Neuroscience* 22(3): 619-623.

13. Eriksson, P. S., E. Perfilieva, T. Björk-Eriksson, A.-M. Alborn, C. Nordborg, D. A. Peterson, and F. H. Gage. 1998. Neurogenesis in the adult human hippocampus. *Nature Medicine* 4(11): 1313-1317.

14. Knoth, R., I. Singec, M. Ditter, G. Pattazis, P. Capetian, R. P. Meyer, V. Horvat, B. Volk, and G. Kempermann. 2010. Murine features of neurogenesis in the human hippocampus across the lifespan from 0 to 100 years. *PLoS One* 5: e8809.

15. Sanai, N., A. D. Tramontin, A. Quiñones-Hinojosa, N. M. Barbaro, N. Gupta, S. Kunwar, M. T. Lawton, M. W. McDermott, A. T. Parsa, J. Manuel- García Verdugo, M. S. Berger, and A. Alvarez-Buylla. 2004. Unique astrocyte ribbon in adult human brain contains neural stem cells but lacks chain migration. *Nature* 427(6976): 740-744.

16. Sanai, N., T. Nguyen, R. A. Ihrie, Z. Mirzadeh, H.-H. Tsai, M. Wong, N. Gupta, M. S. Berger, E. Huang, J. Manuel-García Verdugo, D. H. Rowitch, and A. Alvarez-Buylla. 2011. Corridors of migrating neurons in the human brain and their decline during infancy. *Nature* 478(7369): 382-386.

17. Spalding, K. L., O. Bergmann, K. Alkass, S. Bernard, M. Salehpour, H. B. Huttner, E. Boström, I. Westerlund, C. Vial, B. A. Buchholz, G. Possnert, D. C. Mash, H. Druid, and J. Frisén. 2013. Dynamics of hippocampal neurogenesis in adult humans. *Cell* 153(6): 1219-1227.

18. Ernst, A., K. Alkass, S. Bernard, M. Salehpour, S. Perl, J. Tisdale, H. Druid, and J. Frisén. 2014. Neurogenesis in the striatum of the adult human brain. *Cell*

156(5): 1072-1083.

19.	Hanson, N. D., M. J. Owens, and C. B. Nemeroff. 2011. Depression, antidepressants, and neurogenesis: A critical reappraisal. *Neuropsychopharmacology* 36(13): 2589-2602.

20.	Ernst, A. and J. Frisén. 2015. Adult neurogenesis in humans: Common and unique traits in mammals. *PLoS Biology* 13(1): e1002045.

21.	Vescovi, A. L., R. Galli, and B. A. Reynolds. 2006. Brain tumor stem cells. Nature Reviews Cancer 6(6): 425-436.

22.	Costandi, M. 2012. Fantasy fix. *New Scientist* 213(2854): 38-41.

23.	Casarosa, S., Y. Bozzi, and L. Conti. 2014. Neural stem cells: Ready for therapeutic applications? *Molecular and Cellular Therapies* 2: 31. DOI: 10.1186/2052-8426-2-31.

6장

1.	Owen, A. M., A. Hampshire, J. A. Grahn, R. Stenton, S. Dajani, A. S. Burns, R. J. Howard, and C. G. Ballard. 2010. Putting brain training to the test. *Nature* 465(7299): 775-778.

2.	Max Planck Institute for Human Development and Stanford Center on Longevity. 2014. *A Consensus on the Brain Training Industry from the Scientific Community*. Accessed on 4 September, 2015, from http://longevity3.stanford .edu/blog/2014/10/15/the-consensus-on-the-brain-training-industry-fromthe- scientific-community/.

3.	Federal Trade Commission. 2016. Lumosity to pay $2 million to settle FTC deceptive advertising charges for its "brain training" program. Accessed on 23 February, 2016, from https://www.ftc.gov/news-events/press-releases/2016/01/ lumosity-pay-2-million-settle-ftc-deceptive-advertising-charges/.

4.	Münte, T. F., E. Altenmüller, and L. Jäncke. 2002. The musician's brain as a model of neuroplasticity. Nature Reviews Neuroscience 3(6): 473-478.

5.	Mechelli, A., J. T. Crinion, U. Noppeney, J. O'Doherty, J. Ashburner, R. S. Frackowiak, and C. J. Price. 2004. Structural plasticity in the bilingual brain. *Nature* 431(7010): 757.

6.	Li, P., J. Legault, and K. A. Litcofsky. 2014. Neuroplasticity as a function of second language learning: Anatomical changes in the human brain. *Cortex* 58: 301-24.

7.	Costandi, M. 2014. Am I too old to learn a new language? *The Guardian*. http://www.theguardian.com/education/2014/sep/13/am-i-too-old-to-learn -a-language/.

8.   Schlaug, G., L. Jäncke, Y. Huang, J. F. Staiger, and H. Steinmetz. 1995. Increased corpus callosum size in musicians. *Neuropsychologia* 33(8): 1047-1055.

9.   Elbert, T., C. Pantev, C. Wienbruch, B. Rockstroh, and E. Taub. 1995. Increased cortical representation of the fingers of the left hand in string players. *Science* 270(5234): 305-307.

10.   Gaser, C., and G. Schlaug. 2003. Brain structures differ between musicians and non-musicians. Journal of *Neuroscience* 23(27): 9240-9245.

11.   Bengtsson, S. L., Z. Nagy, S. Skare, L. Forsman, H. Forssberg, and F. Ullén. 2005. Extensive piano practicing has regionally specific effects on white matter development. Nature *Neuroscience* 8(9): 1148-1150.

12.   Roberts, R. E., P. G. Bain, B. I. Day, and M. Husain. 2012. Individual differences in expert motor coordination associated with white matter microstructure in the cerebellum. *Cerebral Cortex* 23(10): 2282-2292.

13.   Driemeyer, J., J. Boyke, C. Gaser, C. Büchel, and A. May. 2008. Changes in gray matter induced by learning—Revisited. *PLoS ONE* 3(7): e2669. DOI: 10.1371/journal.pone.0002669.

14.   Scholz, J., M. C. Klein, T. E. J. Behrens, and H. Johansen-Berg. 2009. Training induces changes in white matter architecture. *Nature Neuroscience* 12(11): 1370-1371.

15.   Maguire, E. A., D. G. Gadian, I. S. Johnsrude, C. D. Good, J. Ashburner, R. J. S. Frackowiak, and C. D. Frith. 2000. Navigation-related structural change in the hippocampi of taxi drivers. *Proceedings of the National Academy of Sciences* 97(8): 4398-4403.

16.   Woollett, K., and E. A. Maguire. 2011. Acquiring "the Knowledge" of London's layout drives structural brain changes. *Current Biology* 21(24): 2109-2114.

17.   Debarnot, U., M. Sperduti, F. Di Rienzo, and A. Guillot. 2014. Expert bodies, expert minds: How physical and mental training shape the brain. *Frontiers in Human Neuroscience* 8(280): DOI: 10.3389/fnhum.2014.00280.

18.   Zatorre, R. J., R. D. Fields, and H. Johansen-Berg. 2012. Plasticity in gray and white: Neuroimaging changes in brain structure during learning. *Nature Neuroscience* 15(4): 528-536.

19.   Naito, E., and S. Hirose. 2014. Efficient motor control by Neymar's brain. Frontiers in Human Neuroscience 8. DOI: 10.3389/fnhum.2014.00594.

7장

1.   Buonomano, D. V., and M. M. Merzenich. 1998. Cortical plasticity: From synapses to maps. *Annual Review of Neuroscience* 21: 149-186.

2.	Ramachandran, V. S., and D. Rogers-Ramachandran. 2000. Phantom limbs and neural plasticity. *Archives of Neurology* 57(3): 317-320.
3.	Navarro, X., M. Vivó, and A. Valero-Cabré. 2007. Neural plasticity after peripheral nerve injury and regeneration. *Progress in Neurobiology* 82(4): 163-201.
4.	Pascual-Leone, A., A. Amedi, F. Fregni, and L. B. Merabet. 2005. The plastic human brain cortex. *Annual Review of Neuroscience* 28: 377-401.
5.	Schaechter, J. D., C. I. Moore, B. D. Connell, B. R. Rosen, and R. M. Dijkhuizen. 2006. Structural and functional plasticity in the somatosensory cortex of chronic stroke patients. *Brain* 129(10): 2722-2733.
6.	Costandi, M. 2014. Machine recovery. Nature 510(7506): S8-S9.
7.	Pascual-Leone, A., A. Amedi, F. Fregni, and L. B. Merabet. 2005. The plastic human brain cortex. *Annual Review of Neuroscience* 28: 377-401.
8.	Ibid.
9.	Rohan, J. G., K. A. Carhuatanta, S. M. McInturf, M. K. Miklasevich, and R. Jankord. 2015. Modulating hippocampal plasticity with in vivo brain stimulation. *Journal of Neuroscience* 35(37): 12824-12832.
10.	Pilato, F., P. Profice, L. Florio, R. Di Iorio, F. Iodice, D. Marisa, and D. L. Vincenzo. 2013. Non-invasive brain stimulation techniques may improve language recovery in stroke patients modulating neural plasticity. *Journal of Neurology and Translational Neuroscience* 1: 1012.
11.	Ward, N. 2011. Assessment of cortical reorganisation for hand function after stroke. *Journal of Physiology* 589(23): 5625-5632.
12.	Shah, P. P., J. P. Szaflarski, J. Allendorfer, and R. H. Hamilton. 2013. Induction of neuroplasticity and recovery in post-stroke aphasia by non-invasive brain stimulation. *Frontiers in Human Neuroscience* 7. DOI: 10.3389/fnhum.2013.00888.
13.	Chollet, F., J. Tardy, J.-F. Albucher, C. Thalamas, E. Berard, C. Lamy, Y. Bejot, S. Deltour, A. Jaillard, P. Niclot, B. Guillon, T. Moulin, P. Marque, J. Pariente, C. Arnaud, and I. Loubinoux, (2011). Fluoxetine for motor recovery after acute ischemic stroke (FLAME): A randomized placebo-controlled trial. *The Lancet Neurology* 10(2): 123-130.

8장

1.	Koob, G. F., and N. D. Volkow. 2010. Neurocircuitry of addiction. *Neuropsychopharmacology Reviews* 35(1): 217-238.
2.	Ibid.
3.	Lüscher, C., and R. C. Malenka. 2012. NMDA receptor-dependent long-term

potentiation and long-term depression (LTP/LTD). *Cold Spring Harbor Perspectives in Biology* 4: a005710.

4. O'Brien, C. P. 2009. Neuroplasticity in addictive disorders. *Dialogues in Clinical Neuroscience* 11(3): 350-353.

5. Dodd, M. L., K. J. Klos, J. H. Bower, Y. E. Geda, K. A. Josephs, and J. E. Ahlskog. 2005. Pathological gambling caused by drugs used to treat Parkinson's disease. *Archives of Neurology* 62(9): 1377-1381.

6. Lumpkin, E. A., and M. J. Caterina. 2007. Mechanisms of sensory transduction in the skin. *Nature* 445(7130): 858-865.

7. Woolf, C. J., and M. W. Salter 2000. Neuronal plasticity: Increasing the gain in pain. *Science* 288(5472): 1765-1768.

8. Luo, C., T. Kuner, and R. Kuner. 2014. Synaptic plasticity in pathological pain. *Trends in Neurosciences* 37(6): 343-355.

9. Gustin, S. M., C. C. Peck, L. B. Cheney, P. M. Macey, G. M. Murray, and L. A. Henderson. 2012. Pain and plasticity: Is chronic pain always associated with somatosensory cortex activity and reorganization? *Journal of Neuroscience* 32(43): 14874-14884.

9장

1. Anderson, A., and M. E. Thomason. 2013. Functional plasticity before the cradle: A review of neural functional imaging in the human fetus. *Neuroscience and Biobehavioral Reviews* 37(9B): 2220-2232.

2. Sweatt, J. D. 2013. The emerging field of neuroepigenetics. *Neuron* 80(3): 624-632.

3. Weaver, I. C. G., N. Cervoni, F. A. Champagne, A. C. D'Alessio, S. Sharma, J. R. Seckl, S. Dymov, M. Szyf, and M. M. Meaney 2004. Epigenetic programming by maternal behavior. *Nature Neuroscience* 7(8): 847-854.

4. McGowan, P. O., A. Sasaki, A. C. D'Alessio, S. Dymov, B. Labonté, M. Szyf, G. Turecki, and M. J. Meaney. 2009. Epigenetic regulation of the glucocorticoid receptor in human brain associates with childhood abuse. *Nature Neuroscience* 12(3): 342-348.

5. Brito, N. H., and K. G. Noble. 2014. Socioeconomic status and structural brain development. *Frontiers in Neuroscience* 8: 276.

6. Davidson, R. J., and B. S. McEwan. 2011. Social influences on neuroplasticity: Stress and interventions to promote well-being. *Nature Neuroscience* 15(5): 689-695.

7. Blakemore, S.-J. 2012. Imaging brain development: The adolescent brain. *NeuroImage* 61(2): 397-406.

8. Elyada, Y. M., and A. Mizrahi. 2015. Becoming a mother: Circuit plasticity underlying maternal behavior. *Current Opinion in Neurobiology* 35: 49-56.

9. Kim, P., J. F. Leckman, L. C. Mayes, R. Feldman, X. Wang, and J. E. Swain. 2010. The plasticity of human maternal brain: Longitudinal changes in brain anatomy during the early postpartum period. *Behavioral Neuroscience* 124(5): 695-700.

10. McEwan, A. M., D. T. A. Burgess, C. C. Hanstock, P. Seres, P. Khalili, S. C. Newman, G. B. Baker, N. D. Mitchell, J. Khudabux-Der, P. S. Allen, and J.-M. LeMelledo. 2012. Increased glutamate levels in the medial prefrontal cortex in patients with postpartum depression. *Neuropsychopharmacology* 37(11): 2428-2435.

11. Kim, P., P. Rigo, L. C. Mayes, R. Feldman, J. F Leckman,. and J. E. Swain. 2014. Neural plasticity in fathers of human infants. *Social Neuroscience* 9(5): 522-535.

12. Burke, S. N., and C. A. Barnes. 2006. Neural plasticity in the aging brain. *Nature Reviews Neuroscience* 7(1): 30-40.

13. Grady, C. 2012. Trends in neurocognitive aging. *Nature Reviews Neuroscience* 13(7): 491-505.

14. Rogalski, E. J., T. Gefen, J. Shi, M. Samimi, E. Bigio, S. Weintraub, C. Geula, and M. M. Mesulam. 2013. Youthful memory capacity in old brains: Anatomic and genetic clues from the Northwestern SuperAging Project. *Journal of Cognitive Neuroscience* 25(1): 29-36.

15. Abutalebi, J., M. Canini, P. A. Della Rosa, L. P. Sheung, D. W. Green, and B. S. Weekes. 2014. Bilingualism protects anterior temporal lobes integrity in aging. *Neurobiology of Aging* 35(9): 2126-2133.

16. Costandi, M. 2014. Am I too old to learn a new language? *The Guardian*. http://www.theguardian.com/education/2014/sep/13/am-i-too-old-to-learn-a-language/.

17. Wong, C., L. Chaddock-Heyman, M. W. Voss, A. Z. Burzynska, C. Basak, K. I. Erickson, R. S. Prakash, A. N. Szabo-Reed, S. M. Phillips, T. Wojcicki, E. L. Mailey, E. McAuley, and A. F. Kramer. 2015. Brain activation during dualtask processing is associated with cardiorespiratory fitness and performance in older adults. *Frontiers in Aging Neuroscience* 12(7): 154. DOI: 10.3389/fnagi.2015.00154.

10장

1. Steele, C. J., J. A. Bailey, R. J. Zatoore, and V. B. Penhune. 2013. Early musical training and white matter plasticity: Evidence for a sensitive period. *Journal*

of Neuroscience 33(3): 1282-1290.

2. Kandel, E. R., J. H. Schwartz, and T. M. Jessell. 1995. *Essentials of Neural Science and Behavior*. Appleton & Lange.

3. McKenzie, I. A., D. Ohayon, H. Li, J. P. de Faria, B. Emery, K. Tohyama, and W. D. Richardson. 2014. Motor skill learning requires active central myelination. *Science* 346(6207): 318-322.

4. Mensch, S., M. Baraban, R. Almeida, T. Czopka, J. Ausborn, A. El Manira, and D. A. Lyons. 2015. Synaptic vesicle release regulates myelin sheath number of individual oligodendrocytes in vivo. *Nature Neuroscience* 18: 628-630.

5. Wake, H., F. C. Ortiz, D. H. Woo, P. R. Lee, M. C. Angulo, and R. D. Fields. 2013. Nonsynaptic junctions on myelinating glia promote preferential myelination of electrically active axons. *Nature Communications* 4: 7844.

6. Spitzer, N. C. 2015. Neurotransmitter switching? No surprise. *Neuron* 86(5): 1131-1144.

7. Dehorter, N., G. Ciceri, G. Bartolini, L. Lim, I. del Pino, and O. Marín. 2015. Tuning of fast-spiking interneuron properties by an activity-dependent transcriptional switch. *Science* 349(6253): 1216-1220.

8. Shaw, C. A., and J. A. McEachern (eds.). 2001. *Toward a Theory of Neuroplasticity*. Psychology Press.

9. Sporns, O. 2012. *Discovering the Human Connectome*. MIT Press. 10. Huber, E., J. M. Webster, A. A. Brewer, D. I. A. MacLeod, B. A. Wandell, G. M. Boynton, A. R. Wade, and I. Fine. 2015. A lack of experience-dependent plasticity after more than a decade of recovered sight. *Psychological Science* 26(4): 393-401.

더 읽을거리

Aloe, L. 2004. Rita Levi-Montalcini: The discovery of nerve growth factor and modern neurobiology. *Trends in Cell Biology* 14 (7): 395-399.

Begley, S. 2009. *The Plastic Brain*. Constable.

Costandi, M. 2013. 50 *Human Brain Ideas You Really Need to Know*. Quercus.

Debarnot, U., M. Sperduti, F. Di Rienzo, and A. Guillot. 2014. Expert bodies, expert minds: How physical and mental training shape the brain. *Frontiers in Human Neuroscience* 8 (280). doi:10.3389/fnhum.2014.00280.

Gross, C. G. 2012. *A Hole in the Head: More Tales in the History of Neuroscience*. MIT Press.

Kandel, E. R., J. H. Schwartz, and T. M. Jessell. 1995. *Essentials of Neural Science and Behavior*. Appleton & Lange.

Pascual-Leone, A., A. Amedi, F. Fregni, and L. B. Merabet. 2005. *The plastic human brain cortex*. Annual Review of Neuroscience 28:377-401.

Purves, D., and J. W. Lichtman. 1985. *Principles of Neural Development*. Sinaeur.

Rosenzweig, M. R. 1996. *Aspects of the search for neural mechanisms of memory*. Annual Review of Psychology 47:1-32.

Vincent, J.-D., and P.-M. Lledo. 2014. The *Custom-Made Brain: Cerebral Plasticity, Regeneration, and Enhancement*. Columbia University Press.

Yamaguchi, Y., and M. Miura. 2015. *Programmed cell death in neurodevelopment*.

Developmental Cell 32 (4): 478-490.

Yuste, R. 2015. *The discovery of dendritic spines by Cajal. Frontiers in Neuroanatomy* 9 (18). doi:10.3389/fnana.2015.00018.

찾아보기

164